Francesco Beldì



# Difendere l'orto con i rimedi naturali

## Fitosanitari, macerati, trappole e altre soluzioni bio per coltivare senza veleni

Terra Nuova Edizioni

Direzione editoriale: Mimmo Tringale e Nicholas Bawtree
Autore: Francesco Beldì
Curatore editoriale: Enrica Capussotti
Ricerca iconografica: Alice Borali
Editing: Lucia Castellucci
Impaginazione: Daniela Annetta
Progetto grafico: Andrea Calvetti
Copertina: Andrea Calvetti
Illustrazioni di copertina di Vittorio Belli


via Ponte di Mezzo, 1
50127 Firenze
tel 055 3215729 - fax 055 3215793
libri@aamterranuova.it - www.terranuova.it

I edizione: settembre 2015
Ristampa
X XI VIII VII VI V IV III II I 2024 2023 2022 2021 2020 2019 2018 2017 2016 2015
Collana: Agricoltura naturale
ISBN 978-88-668-1079-7



Stampa: Lineagrafica, Città di Castello (Pg)

# INDICE

# Prefazione

Come tutte le piante, anche quelle del nostro orto sono soggette ai danni provocati dai parassiti. Alcune sono abbastanza rustiche da riuscire a sopportare attacchi non troppo virulenti, altre sono state selezionate proprio in virtù della loro resistenza alle principali patologie, ma tutte, prima o poi, subiscono l'aggressione di qualche insetto, fungo, acaro, virus ...
Gli attacchi preoccupano coltivatori professionali e hobbisti, in particolare chi ha scelto l'agricoltura biologica e che da un lato desidera evitare il più possibile l'esecuzione di trattamenti e dall'altro teme che le tecniche e i prodotti ammessi non siano efficaci come i pesticidi chimici.
Questo manuale prova a dare risposte e rassicurazioni ai loro timori fornendo le indicazioni fondamentali per un'efficace difesa delle piante: le principali informazioni sui parassiti che colpiscono l'orto e su metodi e mezzi per la difesa dalla loro aggressione.

Anche se l'attenzione da dedicare alla protezione dai parassiti cambia in funzione delle specie e delle varietà presenti nell'orto, un buon coltivatore non tralascia mai di eseguire controlli periodici sullo stato sanitario delle sue piante in modo da individuare eventuali problemi e prepararsi ad affrontarli tempestivamente.
Questo manuale ha l'ambizione di aiutare i coltivatori a riconoscere le principali patologie degli ortaggi. Descrive anche le condizioni favorevoli allo sviluppo dei parassiti, perché conoscere e riconoscere le loro esigenze è un presupposto necessario per identificare ed attuare strategie di difesa efficaci.
Per facilitarne la consultazione, nel primo capitolo del volume sono presentati i parassiti più frequenti in ordine di importanza e suddivisi per ortaggio attaccato, mentre nel secondo sono raggruppati i parassiti comuni a più piante.
Per ogni patogeno sono riportate tutte le indicazioni necessarie per il riconoscimento e i metodi di lotta consigliati.
Oltre alle pratiche agronomiche di prevenzione, nella scheda relativa al parassita sono indicati, con appositi rimandi ai capitoli specifici: i rimedi naturali di semplice impiego, le trappole, i sistemi di protezione passiva, gli organismi utili ed infine i trattamenti con i prodotti fitosanitari per la lotta diretta ammessi in agricoltura biologica.

I capitoli seguenti del manuale sono dedicati alla conoscenza dei mezzi di difesa e spiega come agiscono, come devono essere impiegati, quali controindicazioni presentano e dove è possibile procurarseli. Di ciascuno di essi, poi, indica se la sua efficacia è stata comprovata da un lungo impiego da parte dei coltivatori e/o da attività sperimentali condotte in Italia o in altre parti del mondo.
Questa ricognizione su metodi e prodotti per la difesa evidenzia come alcuni di essi, originariamente nati o sviluppati per soddisfare le esigenze degli agricoltori biologici, oggi vengono utilizzati anche su migliaia di ettari di coltivazioni convenzionali, perché hanno dimostrato di essere efficaci tanto quanto i prodotti chimici e presentano il vantaggio di non essere tossici per l'uomo e per l'ambiente.

La speranza dell'autore è di essere riuscito così a offrire ai professionisti e agli hobbisti degli strumenti utili per evitare che il frutto del loro sudato lavoro sia rovinato o irrimediabilmente distrutto dai parassiti, quando questi ultimi trovano condizioni particolarmente favorevoli al loro sviluppo.

CAPITOLO 1

# Principali parassiti degli ortaggi

CAPITOLO 1

# Principali parassiti degli ortaggi

*In agricoltura biologica e biodinamica, la protezione dalle avversità si ottiene puntando principalmente sulla prevenzione attraverso pratiche agronomiche e culturali il cui obiettivo è quello di creare condizioni sfavorevoli per i patogeni e ottimali per la crescita delle piante.*

*Per quanto riguarda specificamente i parassiti degli ortaggi, in generale la loro pericolosità non è elevata e non sono molti i patogeni in grado di provocare seri danni alle colture.*

*Inoltre, le piante ortive rimangono per breve tempo in campo e di conseguenza sono soggette a un'esposizione alle avversità di gran lunga inferiore a quelle di altre colture come i cereali o gli alberi da frutto caratterizzati da un ciclo vegetativo molto più lungo.*

*Condizioni favorevoli di crescita si ottengono applicando pratiche colturali e agronomiche corrette: scelta di varietà rustiche, buon contenuto di sostanza organica nel terreno, buona esposizione, corretta disponibilità idrica, presenza di pacciamatura, avvicendamenti colturali adeguati, presenza di siepi.*

*Queste stesse condizioni di crescita favorevoli consentono alle piante di attivare spontaneamente i meccanismi naturali di autodifesa e allo stesso tempo incrementano la biodiversità dell'ecosistema orto grazie a una più ricca presenza degli antagonisti naturali dei patogeni e di una copertura vegetale più varia.*

*Anche nelle condizioni agronomiche e ambientali ottimali permane tuttavia il rischio che le avversità in generale e i parassiti in particolare causino seri danni all'orto, è dunque importante saper riconoscere i danni alle piante e i parassiti che li determinano.*

*A questo scopo è bene prendere l'abitudine di effettuare controlli sistematici ogni 7 giorni nel periodo primaverile ed estivo e con minore frequenza per il resto dell'anno.*

*I parassiti degli ortaggi sono di solito insetti che si nutrono dei frutti o delle parti verdi delle piante. In genere sono facili da individuare e riconoscere.*

*Un monitoraggio regolare e scrupoloso delle condizioni delle piante orticole consente infatti di individuare tempestivamente la presenza di parassiti e di intervenire prontamente e in modo specifico in base al tipo di aggressione.*

*Diventa quindi importante imparare a riconoscere le principali avversità che possono colpire i nostri ortaggi, e per ciascuna di esse quali attività di prevenzioni possono essere messe in atto e quali le tecniche e i prodotti ammessi in agricoltura biologica e biodinamica.*

*Questo capitolo fornisce una rassegna dei più diffusi parassiti degli ortaggi, organizzata per tipo di pianta colpita: la scheda di ciascun parassita contiene informazioni utili per il riconoscimento e importanti suggerimenti per la prevenzione, la cura e i possibili trattamenti con tecniche e preparati non tossici in modo da salvaguardare il più possibile l'ecosistema e la salubrità degli ortaggi coltivati.*

*Per rendere più agevoli le schede dei parassiti, i dettagli relativi alle modalità di utilizzo delle tecniche di difesa e dei preparati per la lotta diretta sono stati inseriti dei rimandi che riportano ai capitoli specifici, mentre il trattamento dei parassiti comuni a più ortaggi è stato affrontato in un apposito capitolo (Capitolo 2).*

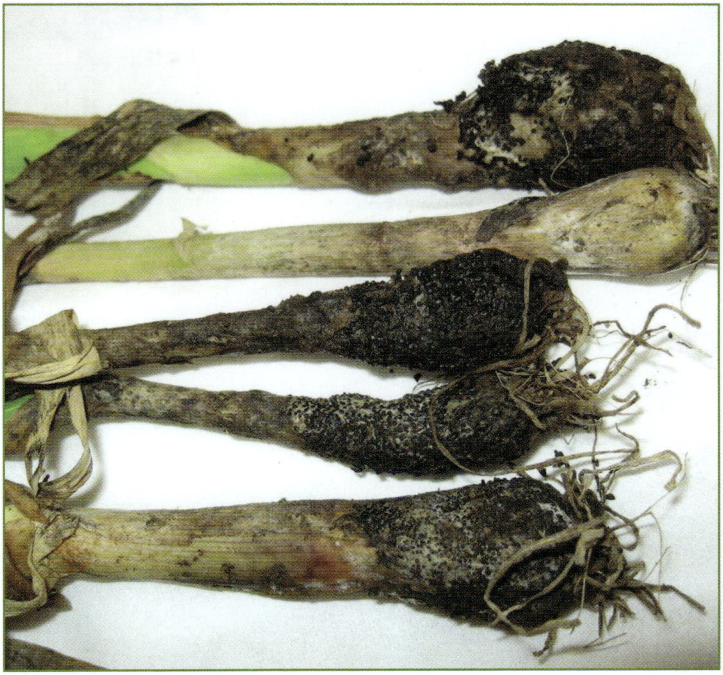

## Marciume bianco dell'aglio *(Sclerotium cepivorum)*

**RICONOSCIMENTO** Questo fungo colpisce l'aglio soprattutto nei terreni umidi. Le foglie delle piante aggredite ingialliscono, mentre i loro apici disseccano e si ripiegano verso il basso. Gli attacchi precoci portano alla morte della piantina, mentre quelli più tardivi si manifestano su radici e bulbi con la presenza di una muffa bianca e cotonosa all'interno della quale si trovano gli sclerozi, corpiccioli sferoidali di colore nerastro. I danni si possono presentare anche dopo la raccolta.

**CURE COLTURALI** Non esistono tecniche naturali efficaci contro questo parassita; quando si presenta, si deve sospendere per almeno 4-5 anni la coltivazione dell'aglio nell'aiuola in cui si è verificata. La fertilizzazione con letame o compost contribuisce a ripristinare l'equilibrio microbico nel terreno e a ridurre la pericolosità del patogeno.

**PREPARATI VEGETALI** L'uso ripetuto di macerati o decotti di equiseto ▶ e/o tarassaco contribuisce a ridurre la presenza e la dannosità di questo parassita.

▶ VEDI CAP. 4
Preparati vegetali

**TRATTAMENTI** L'uso preventivo di preparati a base di *Coniothyrium minitans* ▶ o di *Trichoderma* può ridurre in modo significativo l'attacco del parassita. L'impiego di Trichoderma è particolarmente consigliato prima di riprendere la coltivazione dell'aglio in una parcella precedentemente colpita dal patogeno.

▶ VEDI CAP. 7
Prodotti fitosanitari microbiologici

## Peronospora *(Peronospora schleideni)*

RICONOSCIMENTO Questa malattia fungina si manifesta con macchie biancastre e allungate sulle foglie. Con andamenti climatici umidi le macchie evolvono in una muffa grigio violacea, mentre con andamenti secchi la parte colpita tende a necrotizzare (seccare). In entrambi i casi le foglie perdono consistenza e si piegano verso il basso. I bulbi prodotti dalle piante ammalate sono poco sviluppati e generano piantine stentate.

CURE COLTURALI Utilizzare bulbi sani, evitare gli eccessi di concimazione con azoto e assicurare il drenaggio dell'acqua in eccesso.

PREPARATI VEGETALI L'uso ripetuto di macerati o decotti di equiseto ▶ e/o tarassaco contribuisce a ridurre la presenza e la dannosità di questo parassita.

▶ VEDI CAP. 4 Preparati vegetali

TRATTAMENTI Quando le condizioni climatiche sono favorevoli allo sviluppo del fungo (temperature superiori a 18° C, umidità relativa alta, bagnatura prolungata delle foglie) si deve intervenire con prodotti a base di rame. ▶

▶ VEDI CAP. 3 Prodotti fitosanitari vegetali e minerali

## Mosca del porro *(Napomyza gymnostoma)*

RICONOSCIMENTO È un dittero che depone le uova al colletto dei bulbi o nell'ascella delle foglie. Dalle uova nascono larve giallastre lunghe fino a 8 mm che penetrano i tessuti fogliari, rendendoli suscettibili ad attacchi batterici che provocano marcescenze maleodoranti. Gli attacchi sono particolarmente gravi nelle prime fasi di sviluppo, perché portano alla distruzione delle piante.

CURE COLTURALI Un adeguato avvicendamento colturale riduce i rischi determinati da questo insetto, perché la mosca del porro è un cattivo volatore. In caso di attacchi ripetuti è opportuno coprire le piante con tessuto non tessuto subito dopo la semina.

CONSOCIAZIONI UTILI La consociazione con la carota ▶ riduce la presenza della mosca.

▶ VEDI CAP. 4 Consociazioni

PREPARATI VEGETALI L'impiego di preparati repellenti a base di assenzio ▶ e/o lavanda può ridurre l'incidenza degli attacchi parassitari.

▶ VEDI CAP. 4 Preparati vegetali

## Nottue *(Fam. Noctuidae)*

RICONOSCIMENTO Le nottue sono lepidotteri fitofagi attivi solitamente di notte, caratterizzati da estrema polifagia.
Le larve, di colore grigiastro o verde uniforme, si nutrono di foglie, frutti, radici, fusti e organi di riserva sotterranei. Il regime alimentare cambia a seconda della specie di nottua e della pianta attaccata.

▶ VEDI CAP. 2 Avversità comuni degli ortaggi

## Cercosporiosi della bietola *(Cercospora beticola)*

RICONOSCIMENTO È una malattia fungina che causa macchie rotondeggianti prima marroni e poi nerastre, delimitate da un alone più scuro sulle foglie. Compare a partire da giugno ed è favorita da alte temperature e umidità elevata.

CURE COLTURALI Le foglie colpite possono essere consumate in caso di lievi danni, mentre, in presenza di un forte attacco è consigliabile eliminare le foglie danneggiate e attendere lo sviluppo di quelle nuove.

PREPARATI VEGETALI L'uso ripetuto di macerati o decotti di equiseto ▶ e/o tarassaco contribuisce a ridurre la presenza e la dannosità di questo parassita.

▶ VEDI CAP. 4 Preparati vegetali

TRATTAMENTI In primavera, quando le temperature e l'umidità relativa sono elevate, si interviene con prodotti rameici ▶ subito dopo le piogge.

▶ VEDI CAP. 3 Prodotti fitosanitari vegetali e minerali

## Altica o pulce di terra *(Chaetocnema tibialis)*

RICONOSCIMENTO L'insetto si ciba delle foglie causando la formazione di piccoli fori rotondi. È un coleottero lungo 10-12 mm, scuro, verde-bluastro e lucente; salta quando si avvicina la mano alla foglia. È attivo durante le ore più calde della giornata, mentre quando fa freddo o piove rimane nascosto fra la vegetazione. È pericoloso soprattutto nelle prime fasi di sviluppo della pianta, perché può provocarne la morte o la crescita stentata.

▶ VEDI CAP. 2 Avversità comuni degli ortaggi

## Lumache e limacce *(Fam. Limacidae)*

RICONOSCIMENTO Le lumache prive di conchiglia, chiamate comunemente limacce (*Limax*), e le lumache provviste di guscio, chiamate comunemente chiocciole (*Helix*), costituiscono un gruppo molto eterogeneo di molluschi gasteropodi terrestri, caratterizzato da colori e dimensioni molto diversi, ma tutti con il corpo mucillaginoso e privo di zampe. Tra questi sono poche, e appartenenti principalmente al gruppo delle limacce, le specie che minacciano seriamente le colture. Durante la giornata questi gasteropodi si riparano negli anfratti ombreggiati e umidi del terreno e al tramonto si spostano sulle piante per tornare poi al riparo al sorgere del sole.
Sono animali polifagi che si nutrono di foglie, su cui provocano rosure, danneggiando in modo particolare le giovani piantine. Nelle condizioni ottimali il loro attacco può causare gravi danni in quanto sono in grado di consumare, ogni 24 ore, fino al 50% del loro peso.

▸ VEDI CAP. 2 **Avversità comuni degli ortaggi**

## Tripidi *(Frankliniella occidentalis e Thrips tabaci)*

RICONOSCIMENTO Gli adulti di Frankliniella sono lunghi circa 1 mm e di colore variabile: in primavera-estate ocra, più o meno chiaro, con striature o punteggiature più scure; in autunno brunastro. Gli stadi giovanili sono molto chiari. Gli adulti di *Thrips tabaci* sono lunghi 1-2 mm, di colore chiaro, con ali allungate, strette e finemente frangiate.
I tripidi danneggiano tutti gli organi aerei sottraendo alla pianta la linfa attraverso le loro punture e deponendo le uova all'interno dei tessuti vegetali. Sulle foglie e sui fiori si formano macchie argentee che tendono a divenire necrotiche. I lembi fogliari si deformano arrotolandosi e seccandosi, mentre gli organi di riproduzione dei fiori vengono danneggiati. Le punture sui frutti determinano suberificazioni e deformazioni del frutto stesso. Il danno da ovideposizione si manifesta con formazione di macchie suberose e deformazioni dei tessuti interessati. Inoltre i tripidi sono vettori di virosi sul pomodoro. I danni maggiori si verificano nelle colture protette (tunnel e serre).

▸ VEDI CAP. 2 **Avversità comuni degli ortaggi**

## Mosca della carota *(Psila rosae)*

RICONOSCIMENTO È un dittero lungo 4-5 mm le cui larve bianche e lunghe circa 7 mm scavano gallerie nelle radici delle carote per nutrirsene.

CURE COLTURALI Nelle zone particolarmente soggette ad attacchi è opportuno coprire la coltura con tessuto non tessuto per impedire agli adulti la deposizione delle uova in prossimità delle piante di carota.

CONSOCIAZIONI UTILI Porro, cipolla, aglio e tanaceto ▶ piantati in prossimità delle carote svolgono un'azione repellente nei confronti della mosca.

▶ VEDI CAP. 4 Consociazioni

TRAPPOLE L'installazione di trappole cromotropiche ▶ gialle posizionate a partire da metà aprile riduce la popolazione del parassita.

▶ VEDI CAP. 6 Trappole

PREPARATI VEGETALI L'uso ripetuto di preparati repellenti a base di assenzio, ▶ aglio ▶, erba cipollina, ▶ e/o cipolla ▶ riduce la presenza e la dannosità della mosca della carota.

▶ VEDI CAP. 4 Preparati vegetali

## Alternariosi della carota *(Alternaria dauci)*

RICONOSCIMENTO Questo fungo causa la comparsa di macchie nere sparse irregolarmente sulle foglie più vecchie. Le macchie poi confluiscono provocando il disseccamento delle foglie.

PREPARATI VEGETALI L'uso ripetuto di macerati o decotti di equiseto ▶ e/o tarassaco contribuisce a ridurre la presenza e la dannosità di questo parassita.

▶ VEDI CAP. 4 Preparati vegetali

TRATTAMENTI Questa malattia si presenta quando il tempo è caldo e umido. In caso di elevata piovosità fra maggio e giugno, eseguire 1-2 trattamenti con composti rameici. ▶

▶ VEDI CAP. 3 Prodotti fitosanitari vegetali e minerali

## Cavolaia *(Pieris brassicae)*

RICONOSCIMENTO La cavolaia è una farfalla diffusa in tutta Italia. Gli adulti hanno ali bianche con estremità nere e possono raggiungere i 60 mm di apertura alare. Le larve sono lunghe 35-40 mm, di colore giallo-verdastro con macchie nere e il corpo ricoperto da rade setole. Le uova gialle sono deposte a piccoli gruppi, solitamente nella pagina inferiore delle foglie. Le larve prima rimangono in gruppo e poi si sparpagliano nella pianta nutrendosi delle foglie esterne con l'eccezione delle nervature più grosse.

CURE COLTURALI L'asportazione delle uova (e delle larve) eseguito ogni settimana a partire da settembre rappresenta un efficace metodo di controllo di questo parassita.

PREPARATI VEGETALI L'uso ripetuto di preparati a base di assenzio, ▶ tanaceto e/o pomodoro riduce la presenza e la dannosità di questi parassiti.

▶ VEDI CAP. 4 Preparati vegetali

TRATTAMENTI Quando l'attacco è molto consistente o l'appezzamento è troppo grande per un controllo manuale, si può utilizzare il *Bacillus thuringiensis spp. Kurstaki* ▶ cercando di intervenire in prossimità della nascita delle larve.

▶ VEDI CAP. 7 Prodotti fitosanitari microbiologici

CONSOCIAZIONI UTILI Artemisia, issopo, timo, menta, assenzio, porro, salvia, rosmarino e pomodoro ▶ piantati in prossimità dei cavoli svolgono un'azione repellente nei confronti della cavolaia.

▶ VEDI CAP. 4 Consociazioni

## Rapaiola *(Pieris rapae)*

RICONOSCIMENTO È una farfalla assai comune, simile alla cavolaia, ma di dimensioni minori. La femmina presenta una sfumatura giallastra e due macchie nere sull'ala anteriore e depone le uova da marzo a ottobre, sulla pagina superiore o inferiore delle foglie.
Le larve di color verde-giallo possono essere presenti tutto l'anno. Il bruco si distingue per la presenza di una linea gialla lungo il dorso.

CURE COLTURALI L'asportazione delle uova (e delle larve) eseguito ogni settimana a partire da settembre rappresenta un efficace metodo di controllo di questo parassita.

PREPARATI VEGETALI L'uso ripetuto di preparati a base di assenzio, ▶ tanaceto ▶ e/o pomodoro riduce la presenza e la dannosità di questi parassiti.

▶ VEDI CAP. 4
Preparati vegetali

TRATTAMENTI Quando l'attacco è molto consistente o l'appezzamento è troppo grande per un controllo manuale, si può utilizzare il *Bacillus thuringiensis spp. Kurstaki*, ▶ cercando di intervenire in prossimità della nascita delle larve.

▶ VEDI CAP. 7
Prodotti fitosanitari microbiologici

## Ernia del cavolo *(Plasmodiophora brassicae)*

RICONOSCIMENTO L'ernia è causata da un fungo che provoca malformazioni all'apparato radicale e, meno frequentemente, al colletto. Nelle parti colpite possono svilupparsi infezioni fungine o batteriche secondarie, che provocano marcescenze con emissione di cattivi odori.

CURE COLTURALI Il controllo della patologia è possibile solo attraverso la sospensione, per almeno 3 anni, della coltivazione di cavoli e di altre crucifere in quella aiuola. La fertilizzazione con letame o compost contribuisce a ripristinare l'equilibrio microbico nel terreno e a ridurre la pericolosità dei patogeni. Se la malattia si presenta in semenzaio è indispensabile sostituire il terriccio.

TRATTAMENTI L'impiego preventivo di Trichoderma ▶ è consigliabile prima di riprendere la coltivazione di cavoli nella parcella precedentemente colpita dal patogeno.

▶ VEDI CAP. 7 Prodotti fitosanitari microbiologici

## Mosca del cavolo *(Delia radicum)*

RICONOSCIMENTO Le larve di questo dittero sono lunghe circa 8 mm, di colore bianco e con una serie di protuberanze posteriori disposte ad anello. Penetrano sotto l'epidermide del colletto e delle radici scavando gallerie profonde. Le maggiori infestazioni riguardano le colture primaverili.

CURE COLTURALI Per difendersi da questo parassita nelle zone a rischio conviene mantenere coperta la coltura con tessuto non tessuto fra aprile e maggio, in modo da evitare la deposizione delle uova nelle vicinanze delle piante.

PREPARATI VEGETALI L'uso ripetuto di preparati repellenti preferibilmente a base di assenzio ▶ riduce la presenza e la dannosità di questi parassiti.

▶ VEDI CAP. 4 Preparati vegetali

## Nottue *(Fam. Noctuidae)*

RICONOSCIMENTO Le nottue sono lepidotteri fitofagi attivi solitamente di notte, caratterizzati da una estrema polifagia.
Le larve, di colore grigiastro o verde uniforme, si nutrono di foglie, frutti, radici, fusti e organi di riserva sotterranei. Il regime alimentare cambia a seconda della specie di nottua e della pianta attaccata.

▶ VEDI CAP. 2 Avversità comuni degli ortaggi

## Cimice del cavolo *(Eurydema ventralis)*

**RICONOSCIMENTO** Lunga circa 10 mm, è facilmente riconoscibile per la livrea molto appariscente, rossa con macchie nere. I giovani e gli adulti si nutrono della linfa delle foglie e dei germogli, causandone il deperimento. I danni maggiori sono a carico delle piantine appena trapiantate che, oltre a rallentare lo sviluppo, possono anche avvizzire.

**PREPARATI VEGETALI** L'uso ripetuto di preparati repellenti a base di aglio, ▶ assenzio, ▶ lavanda e/o tanaceto ▶ riduce la presenza di questo insetto sulla coltura.

▶ VEDI CAP. 4 Preparati vegetali

**TRATTAMENTI** Quando iniziano a manifestarsi i danni è possibile intervenire utilizzando prodotti a base di piretro ▶ di Azadiractina ▶ o di oli minerali estivi. ▶

▶ VEDI CAP. 3 Prodotti fitosanitari vegetali e minerali

## Tripidi *(Frankliniella occidentalis e Thrips tabaci)*

**RICONOSCIMENTO** Gli adulti di Frankliniella sono lunghi circa 1 mm e di colore variabile: in primavera-estate ocra, più o meno chiaro, con striature o punteggiature più scure; in autunno brunastro. Gli stadi giovanili sono molto chiari.

Gli adulti di *Thrips tabaci* sono lunghi 1-2 mm, di colore chiaro, con ali allungate, strette e finemente frangiate.

I tripidi danneggiano tutti gli organi aerei sottraendo alla pianta la linfa attraverso le punture e deponendo le uova all'interno dei tessuti vegetali. Sulle foglie e sui fiori si formano macchie argentee che tendono a divenire necrotiche. I lembi fogliari si deformano arrotolandosi e seccandosi, mentre gli organi di riproduzione dei fiori vengono danneggiati.

Le punture sui frutti determinano suberificazioni e deformazioni del frutto stesso.

Il danno da ovideposizione si manifesta con formazione di macchie suberose e deformazioni dei tessuti interessati. Inoltre, i tripidi sono vettori di virosi sul pomodoro.

I danni maggiori si verificano nelle colture protette (tunnel e serre).

▶ VEDI CAP. 2 Avversità comuni degli ortagi

## Mal bianco *(Erysiphe cichoracearum, Sphaerotheca fuliginea)*

RICONOSCIMENTO Il mal bianco o oidio è una malattia fungina che provoca chiazze bianche polverulente colpendo prima la pagina inferiore delle foglie per poi estendersi a tutto l'apparato fogliare. I primi attacchi si osservano in giugno, ma la maggiore diffusione della malattia si ha fra agosto e settembre. Quando l'attacco è molto forte le foglie ingialliscono e poi disseccano. L'oidio è favorito da temperature vicine ai 26° C e da un'elevata umidità dell'aria (U.R. 70%). L'infestazione si arresta con temperature inferiori ai 10° C e superiori ai 35° C ed è frenata dalle piogge.

▸ VEDI CAP. 2 **Avversità comuni degli ortaggi**

## Afidi *(Fam. Aphididae)*

RICONOSCIMENTO Esistono numerose specie di afidi: tutte appartengono alla famiglia degli Aphididae. Le specie parassite delle orticole si caratterizzano per un'elevata polifagia e, con rare eccezioni, sono in grado di nutrirsi a spese di piante appartenenti a specie e famiglie diverse.
Noti anche come pidocchi delle piante, questi piccoli insetti si nutrono del-

la linfa delle piante. Grazie alla loro elevata capacità riproduttiva riescono a formare colonie molto numerose sulle foglie, che se colpite tendono ad accartocciarsi. Gli attacchi precoci sono gravi, perché impediscono il normale sviluppo della pianta e perché possono veicolare virosi che provocano deformazioni delle foglie e dei frutti.
Un altro danno causato dagli afidi è la produzione di melata, un essudato zuccherino che imbratta foglie e frutti favorendo lo sviluppo di fumaggini.

▶ VEDI CAP. 2 **Avversità comuni degli ortaggi**

## Aleurodidi delle serre *(Trialeurodes vaporariorum e Bemisia tabaci)*

**RICONOSCIMENTO** Gli aleurodidi, noti anche come mosche bianche, sono due specie originarie delle regioni tropicali, presenti frequentemente nelle serre di tutta Italia, ma in grado di provocare danni anche nelle colture in pieno campo in Liguria e nelle regioni meridionali.
Gli adulti, lunghi 0,7-1 mm con il corpo giallastro e le ali bianche, sono ricoperti da uno strato ceroso e polverulento che imbratta anche la vegetazione. Vivono sulla pagina inferiore delle foglie e si alzano in volo a gruppi appena vengono disturbati.
Gli stadi giovanili sono poco mobili: stazionano anch'essi sulla pagina inferiore delle foglie rivestiti da secrezioni cerose polverulente.
Il danno è provocato dalla sottrazione di linfa che causa ingiallimenti fogliari, ma soprattutto dall'abbondante produzione di melata (dovuta principalmente all'attività delle forme giovanili) che imbratta foglie e frutti favorendo lo sviluppo di fumaggini.

▶ VEDI CAP. 2 **Avversità comuni degli ortaggi**

## Peronospora della cipolla *(Peronospora schleideni)*

RICONOSCIMENTO Questa malattia fungina si manifesta con macchie biancastre e allungate sulle foglie. Con andamenti climatici umidi le macchie evolvono in una muffa grigio violacea, mentre con andamenti secchi la parte colpita tende a necrotizzare (seccare). In entrambi i casi le foglie perdono consistenza e si piegano verso il basso. I bulbi prodotti dalle piante ammalate sono poco sviluppati e generano piantine stentate.

CURE COLTURALI Utilizzare bulbi sani, evitare gli eccessi di concimazione con azoto e assicurare il drenaggio dell'acqua in eccesso.

PREPARATI VEGETALI L'uso ripetuto di macerati o decotti di equiseto ▶ e/o tarassaco contribuisce a ridurre la presenza e la dannosità di questo parassita.

▶ VEDI CAP. 4
Preparati vegetali

TRATTAMENTI Quando le condizioni climatiche sono favorevoli allo sviluppo del fungo (temperature superiori a 18° C, umidità relativa alta, bagnatura prolungata delle foglie) si deve intervenire con prodotti a base di rame. ▶

▶ VEDI CAP. 3
Prodotti fitosanitari vegetali e minerali

## Mosca della cipolla *(Delia antiqua)*

RICONOSCIMENTO È un dittero che depone le uova nel colletto dei bulbi o nell'ascella delle foglie. Dalle uova nascono larve biancastre che penetrano nei tessuti della cipolla, rendendoli suscettibili ad attacchi batterici che provocano marcescenze maleodoranti. Gli attacchi sono particolarmente gravi subito dopo il trapianto (primaverile o autunnale), perché portano alla distruzione delle piante.

**CURE COLTURALI** La difesa si basa sulla messa a dimora tardiva e sugli avvicendamenti, visto che la mosca è un cattivo volatore. La consociazione con carota riduce gli attacchi della mosca.

**PREPARATI VEGETALI** L'impiego di preparati repellenti a base di assenzio ▶ e/o lavanda riduce l'incidenza degli attacchi del parassita.

▶ VEDI CAP. 4 Preparati vegetali

**CONSOCIAZIONI UTILI** Sedano, carote e tanaceto ▶ piantati in prossimità della cipolla svolgono un'azione repellente nei confronti della mosca.

▶ VEDI CAP. 4 Consociazioni

## Tripidi *(Frankliniella occidentalis e Thrips tabaci)*

**RICONOSCIMENTO** Gli adulti di Frankliniella sono lunghi circa 1 mm e di colore variabile: in primavera-estate ocra, più o meno chiaro, con striature o punteggiature più scure; in autunno brunastro. Gli stadi giovanili sono molto chiari.

Gli adulti di *Thrips tabaci* sono lunghi 1-2 mm, di colore chiaro, con ali allungate, strette e finemente frangiate.

I tripidi danneggiano tutti gli organi aerei sottraendo alla pianta la linfa attraverso le loro punture e deponendo le uova all'interno dei tessuti vegetali. Sulle foglie e sui fiori si formano macchie argentee che tendono a divenire necrotiche. I lembi fogliari si deformano arrotolandosi e seccandosi, mentre gli organi di riproduzione dei fiori vengono danneggiati.

Le punture sui frutti determinano suberificazioni e deformazioni del frutto stesso.

Il danno da ovideposizione si manifesta con formazione di macchie suberose e deformazioni dei tessuti interessati. Inoltre i tripidi sono vettori di virosi sul pomodoro.

I danni maggiori si verificano nelle colture protette (tunnel e serre).

## Antracnosi del fagiolo *(Colletotrichum lindemuthianum)*

RICONOSCIMENTO Questa malattia fungina colpisce tutti gli organi della pianta. Sui baccelli e sugli steli si manifesta con macchie incavate, circolari o allungate, di colore marrone scuro, con al centro una masserella rosata, vischiosa. Sulle foglie possono comparire macchie nerastre che possono anche ingiallire e poi seccarsi. Sui semi le macchie sono tonde, prima decolorate e poi bruno-nerastre circondate da un alone rosso.

CURE COLTURALI L'infezione si propaga spesso a partire da semente infetta: è buona norma quindi utilizzare semi sani.

PREPARATI VEGETALI L'uso ripetuto di macerati o decotti di equiseto ▶ e/o tarassaco contribuisce a ridurre la presenza e la dannosità di questo parassita.

▶ VEDI CAP. 4
Preparati vegetali

TRATTAMENTI Appena si scorgono i primi sintomi (di solito in maggio, in concomitanza di periodi molto piovosi) si ricorre a trattamenti con prodotti rameici. ▶

▶ VEDI CAP. 3
Prodotti fitosanitari vegetali e minerali

## Batteriosi del fagiolo *(Pseudomonas syringae pv. Phaseolica e Xanthomonas campestris pv. phaseoli)*

RICONOSCIMENTO La maculatura ad alone (*Pseudomonas*) e la maculatura comune *(Xanthomonas)* sono provocate da due batteri che colpiscono i fagioli in primavera (il primo) e in estate (il secondo). Sulle foglie e sui baccelli si for-

mano piccole macchie traslucide grandi qualche millimetro, che si ampliano diventando irregolari e di colore marrone scuro-nero, mentre nelle foglie le macchie sono circondate da un alone giallo.
Sui semi si manifestano decolorazioni giallo-arancio. I due batteri si distinguono per il colore dei loro essudati: bianco-crema per il primo e giallo per il secondo.

**CURE COLTURALI** La malattia si diffonde attraverso i semi infetti, quindi è fondamentale usare semi sani.

**TRATTAMENTI** Se, nonostante le misure preventive adottate, si dovessero manifestare i sintomi delle batteriosi, bisogna intervenire con ossicloruro di rame o altri prodotti rameici. ▶

▶ VEDI CAP. 3 **Prodotti fitosanitari vegetali e minerali**

## Nottue *(Fam. Noctuidae)*

**RICONOSCIMENTO** Le nottue sono lepidotteri fitofagi attivi solitamente di notte, caratterizzati da estrema polifagia.
Le larve, di colore grigiastro o verde uniforme, si nutrono di foglie, frutti, radici, fusti e organi di riserva sotterranei. Il regime alimentare cambia a seconda della specie di nottua e della pianta attaccata.

▶ VEDI CAP. 2 **Avversità comuni degli ortaggi**

## Afidi *(Fam. Aphididae)*

RICONOSCIMENTO Esistono numerose specie di afidi: tutte appartengono alla famiglia degli Aphididae.

Le specie parassite delle orticole si caratterizzano per un'elevata polifagia e, con rare eccezioni, sono in grado di nutrirsi a spese di piante appartenenti a specie e famiglie diverse.

Noti anche come pidocchi delle piante, questi piccoli insetti si nutrono della linfa delle piante.

Grazie alla loro elevata capacità riproduttiva riescono a formare colonie molto numerose sulle foglie, che se colpite tendono ad accartocciarsi.

Gli attacchi precoci sono gravi, perché impediscono il normale sviluppo della pianta e perché possono veicolare virosi che provocano deformazioni delle foglie e dei frutti.

Un altro danno causato dagli afidi è la produzione di melata, un essudato zuccherino che imbratta foglie e frutti favorendo lo sviluppo di fumaggini.

▶ VEDI CAP. 2 **Avversità comuni degli ortaggi**

## Afidi *(Fam. Aphididae)*

RICONOSCIMENTO Esistono numerose specie di afidi: tutte appartengono alla famiglia degli Aphididae.

Le specie parassite delle orticole si caratterizzano per un'elevata polifagia e, con rare eccezioni, sono in grado di nutrirsi a spese di piante appartenenti a specie e famiglie diverse.

Noti anche come pidocchi delle piante, questi piccoli insetti si nutrono della linfa delle piante. Grazie alla loro elevata capacità riproduttiva riescono a formare colonie molto numerose sulle foglie, che se colpite tendono ad accartocciarsi.

Gli attacchi precoci sono gravi, perché impediscono il normale sviluppo della pianta e perché possono veicolare virosi che provocano deformazioni delle foglie e dei frutti.

Un altro danno causato dagli afidi è la produzione di melata, un essudato zuccherino che imbratta foglie e frutti favorendo lo sviluppo di fumaggini.

▶ VEDI CAP. 2 **Avversità comuni degli ortaggi**

## Marciumi radicali e del colletto *(Fusarium spp., Sclerotinia, spp., Phoma spp.)*

RICONOSCIMENTO I marciumi radicali e del colletto possono essere originati da diversi patogeni fungini specifici per ogni specie. Si sviluppano soprattutto nei terreni umidi, in particolare se l'acqua non sgronda bene.
Possono manifestarsi in tutte le fasi di sviluppo delle piante e portano al disfacimento di parti di quelle che ne vengono colpite, fino a farle marcire interamente.

CURE COLTURALI Contro queste avversità si possono adottare solo misure preventive: avvicendamenti adeguati, sesti di impianto ampi, concimazioni equilibrate, trapianti con il colletto alto, irrigazioni oculate evitando l'impiego di acque fredde. Non esistono infatti prodotti efficaci contro questi funghi.
Alla loro comparsa è necessario sospendere per almeno 4-5 anni la coltivazione della specie colpita nella aiuola in cui si sono manifestati.
La fertilizzazione con letame o compost contribuisce a ripristinare l'equilibrio microbico nel terreno e a ridurre la pericolosità dei patogeni.

TRATTAMENTI L'uso preventivo di preparati a base di *Coniothyrium minitans* ▶ può ridurre in modo significativo l'attacco da parte di funghi del genere Sclerotinia. L'impiego di Trichoderma ▶ è consigliato prima di riprendere la coltivazione dell'indivia o di un'altra composita in una parcella precedentemente colpita da questi patogeni.

▶ VEDI CAP. 7
Prodotti fitosanitari microbiologici

## Mal bianco *(Erysiphe cichoracearum, Sphaerotheca fuliginea)*

RICONOSCIMENTO Il mal bianco o oidio è una malattia fungina che provoca chiazze bianche polverulente colpendo prima la pagina inferiore delle foglie per poi estendersi a tutto l'apparato fogliare. I primi attacchi si osservano in giugno, ma la maggiore diffusione della malattia si ha fra agosto e settembre. Quando l'attacco è molto forte le foglie ingialliscono e poi disseccano. L'oidio è favorito da temperature vicine ai 26° C e da un'elevata umidità dell'aria (U.R. 70%). L'infestazione si arresta con temperature inferiori ai 10° C e superiori ai 35° C ed è frenata dalle piogge.

▸ VEDI CAP. 2 Avversità comuni degli ortaggi

## Elateridi *(Agriotes spp.)*

RICONOSCIMENTO I danni sono causati dalle larve che hanno forma cilindrica, allungata, di colore giallastro-rossastro e il tegumento coriaceo. Gli adulti, avendo abitudini notturne, sono poco visibili. Si nutrono delle radici della lattuga. Gli attacchi sono poco prevedibili, anche se sono più frequenti quando gli ortaggi sono coltivati in successione a un prato e l'andamento climatico è umido.

CURE COLTURALI Negli appezzamenti di dimensioni maggiori è consigliabile concimare utilizzando fertilizzanti a base di panelli di ricino che esercitano un'attività repellente verso gli elateridi.

TRAPPOLE In situazioni a rischio è opportuno monitorare la presenza di elateridi utilizzando trappole alimentari o a feromoni. ▶ Quando si accerta una presenza che può comportare rischi per le colture è bene procedere, poco prima della semina, ad una raccolta massiva delle larve utilizzando le trappole alimentari. Questa tecnica è efficace soprattutto negli appezzamenti di piccole dimensioni.

▶ VEDI CAP. 6 Trappole

## Afidi *(Fam. Aphididae)*

RICONOSCIMENTO Esistono numerose specie di afidi: tutte appartengono alla famiglia degli Aphididae. Le specie parassite delle orticole si caratterizzano per un'elevata polifagia e, con rare eccezioni, sono in grado di nutrirsi a spese di piante appartenenti a specie e famiglie diverse.

Noti anche come pidocchi delle piante, questi piccoli insetti si nutrono della linfa delle piante. Grazie alla loro elevata capacità riproduttiva riescono a formare colonie molto numerose sulle foglie, che se colpite tendono ad accartocciarsi. Gli attacchi precoci sono gravi, perché impediscono il normale sviluppo della pianta e perché possono veicolare virosi che provocano deformazioni delle foglie e dei frutti.

Un altro danno causato dagli afidi è la produzione di melata, un essudato zuccherino che imbratta foglie e frutti favorendo lo sviluppo di fumaggini.

▶ VEDI CAP. 2 Avversità comuni degli ortaggi

## Nottue *(Fam. Noctuidae)*

RICONOSCIMENTO Le nottue sono lepidotteri fitofagi attivi solitamente di notte, caratterizzati da estrema polifagia.

Le larve, di colore grigiastro o verde uniforme, si nutrono di foglie, frutti, radici, fusti e organi di riserva sotterranei. Il regime alimentare cambia a seconda della specie di nottua e della pianta attaccata.

▶ VEDI CAP. 2 Avversità comuni degli ortaggi

## Marciumi radicali e del colletto *(Fusarium spp., Sclerotinia spp., Phoma spp.)*

RICONOSCIMENTO I marciumi radicali e del colletto possono essere originati da diversi patogeni fungini specifici per ogni specie. Si sviluppano soprattutto nei terreni umidi, in particolare se l'acqua non sgronda bene.

Possono manifestarsi in tutte le fasi di sviluppo delle piante e portano al disfacimento di parti di quelle che ne vengono colpite, fino a farle marcire interamente.

CURE COLTURALI Contro queste avversità si possono adottare solo misure preventive: avvicendamenti adeguati, sesti di impianto ampi, concimazioni equilibrate, trapianti con il colletto alto, irrigazioni oculate evitando l'impiego di acque fredde.

Non esistono infatti prodotti efficaci contro questi funghi.

Alla loro comparsa è necessario sospendere per almeno 4-5 anni la coltivazione della specie colpita nella aiuola in cui si sono manifestati.

La fertilizzazione con letame o compost contribuisce a ripristinare l'equilibrio microbico nel terreno e a ridurre la pericolosità dei patogeni.

TRATTAMENTI L'uso preventivo di preparati a base di *Coniothyrium minitans* può ridurre in modo significativo l'attacco da parte di funghi del genere Sclerotinia.

L'impiego di Trichoderma ▶ è consigliato prima di riprendere la coltivazione dell'indivia o di un'altra composita in una parcella precedentemente colpita da questi patogeni.

▶ VEDI CAP. 7
Prodotti fitosanitari microbiologici

## Lumache e limacce *(Fam. Limacidae)*

RICONOSCIMENTO Le lumache prive di conchiglia, chiamate comunemente limacce (*Limax*), e le lumache provviste di guscio, chiamate comunemente chiocciole (*Helix*), costituiscono un gruppo molto eterogeneo di molluschi gasteropodi terrestri, caratterizzato da colori e dimensioni molto diversi, ma tutti con il corpo mucillaginoso e privo di zampe.
Tra questi sono poche, e appartenenti principalmente al gruppo delle limacce, le specie che minacciano seriamente le colture.
Durante la giornata questi gasteropodi si riparano negli anfratti ombreggiati e umidi del terreno e al tramonto si spostano sulle piante per tornare poi al riparo al sorgere del sole.
Sono animali polifagi che si nutrono di foglie, su cui provocano rosure, danneggiando in modo particolare le giovani piantine.
Nelle condizioni ottimali (elevata umidità dell'aria e del terreno, temperature miti e bassa luminosità) il loro attacco può causare gravi danni in quanto sono in grado di consumare, ogni 24 ore, fino al 50% del loro peso.

▸ VEDI CAP. 2 **Avversità comuni degli ortaggi**

## Dorifora *(Leptinotarsa decemlineata)*

RICONOSCIMENTO La dorifora, sia da adulto (foto in basso) che da larva (foto in alto), è un coleottero che si nutre delle foglie delle Solanacee. Gli adulti, caratterizzati da elitre di colore giallastro segnate longitudinalmente da 10 evidenti strisce nere, svernano nel terreno e compaiono in campo tra fine aprile e inizio maggio. Dopo 7-10 giorni dalla comparsa si iniziano a trovare, ben riconoscibili sulla pagina inferiore delle foglie, le uova di color giallo aranciato, riunite in gruppi e di forma allungata. Da queste nascono le larve di colore arancio-rossastro, con una doppia fila di tubercoli nerastri posti ai lati del corpo.

CURE COLTURALI Nei piccoli appezzamenti la distruzione manuale ogni 3-5 giorni delle uova e delle larve (appena sgusciate sono raggruppate) permette un controllo efficace del parassita, ed evita l'impiego di qualunque prodotto per la difesa. Le ispezioni devono proseguire per tutta la durata della coltivazione, ma se le prime sono accurate si può aumentare il tempo fra i due controlli successivi.

TRATTAMENTI Nei casi di coltivazioni estese o di difficoltà alla distruzione manuale si può intervenire con *Bacillus thuringiensis var. tenebrionis* ▶ oppure con prodotti a base di Azadiractina ▶ pochi giorni dopo aver verificato le prime sgusciature delle larve. Il trattamento va ripetuto ogni 7-10 giorni almeno per due volte, e comunque fino a quando sono presenti le larve.

▶ VEDI CAP. 3
Prodotti fitosanitari vegetali e minerali

▶ VEDI CAP. 7
Prodotti fitosanitari microbiologici

## Nottue *(Fam. Noctuidae)*

RICONOSCIMENTO Le nottue sono lepidotteri fitofagi attivi solitamente di notte, caratterizzati da estrema polifagia.

Le larve, di colore grigiastro o verde uniforme, si nutrono di foglie, frutti, radici, fusti e organi di riserva sotterranei. Il regime alimentare cambia a seconda della specie di nottua e della pianta attaccata.

▶ VEDI CAP. 2 **Avversità comuni degli ortaggi**

## Aleurodidi delle serre *(Trialeurodes vaporariorum e Bemisia tabaci)*

RICONOSCIMENTO Gli aleurodidi, noti anche come mosche bianche, sono due specie originarie delle regioni tropicali, presenti frequentemente nelle serre di tutta Italia, ma in grado di provocare danni anche nelle colture in pieno campo in Liguria e nelle regioni meridionali.

Gli adulti, lunghi 0,7-1 mm con il corpo giallastro e le ali bianche, sono ricoperti da uno strato ceroso e polverulento che imbratta anche la vegetazione. Vivono sulla pagina inferiore delle foglie e si alzano in volo a gruppi appena vengono disturbati.

Gli stadi giovanili sono poco mobili: stazionano anch'essi sulla pagina inferiore delle foglie rivestiti da secrezioni cerose polverulente. Il danno è provocato dalla sottrazione di linfa che causa ingiallimenti fogliari, ma soprattutto dall'abbondante produzione di melata (dovuta principalmente all'attività delle forme giovanili) che imbratta foglie e frutti favorendo lo sviluppo di fumaggini.

▶ VEDI CAP. 2 **Avversità comuni degli ortaggi**

## Tuta absoluta *(Tuta absoluta)*

RICONOSCIMENTO La Tuta absoluta è un lepidottero originario del Sud America segnalato per la prima volta in Italia nel 2009.
Gli adulti hanno un'apertura alare di 10 mm circa, ali color grigio argento macchiettate di nero anteriormente e antenne filiformi.
Le larve sono di color crema con la testa nera.
I danni sono provocati dalle larve che scavano mine (gallerie) nelle foglie e sulla cuticola del frutto. Questi ultimi favoriscono l'insediamento di altri parassiti (fungini o batterici).
Tuta absoluta può compiere fino a 12 generazioni all'anno e ogni femmina può deporre fino a 260 uova. Si comprende quindi perché questo parassita sia molto temuto.
Un ulteriore motivo di preoccupazione è la rapidità con la quale si sono formati ceppi resistenti agli antiparassitari.

CURE COLTURALI La copertura della coltivazione con reti antinsetto impedisce al parassita di provocare danni. Per ridurre la popolazione di Tuta absoluta è opportuno in prossimità delle colture rimuovere le erbe infestanti, in particolare quelle che possono ospitare il parassita come l'erba morella (*Solanum nigrum*) ed evitare la coltivazione di Solanacee ornamentali (ad es. petunia, cestro, datura).

TRAPPOLE In aree soggette agli attacchi si può tentare la cattura massale impiegando trappole a feromoni. ▶

▶ VEDI CAP. 6 Trappole

TRATTAMENTI Si interviene con *Bacillus thuringiensis spp. Kurstaki* ▶ iniziando i trattamenti 5-7 giorni dopo aver catturato 3 adulti in una settimana e ripetendoli ogni 7-10 giorni finché proseguono le catture.
Il Bacillus può essere sostituito anche da prodotti a base di Azadiractina ▶ o, nel caso di un numero di catture settimanali superiore a 30 adulti, da prodotti a base di Spinosad.

▶ VEDI CAP. 7 Prodotti fitosanitari microbiologici

## Mal bianco *(Erysiphe cichoracearum, Sphaerotheca fuliginea)*

RICONOSCIMENTO Il mal bianco o oidio è una malattia fungina che provoca chiazze bianche polverulente colpendo prima la pagina inferiore delle foglie per poi estendersi a tutto l'apparato fogliare. I primi attacchi si osservano in giugno, ma la maggiore diffusione della malattia si ha fra agosto e settembre. Quando l'attacco è molto forte le foglie ingialliscono e poi disseccano. L'oidio è favorito da temperature vicine ai 26° C e da un'elevata umidità dell'aria (U.R. 70%). L'infestazione si arresta con temperature inferiori ai 10° C e superiori ai 35° C ed è frenata dalle piogge.

▶ VEDI CAP. 2 **Avversità comuni degli ortaggi**

## Afidi *(Fam. Aphididae)*

RICONOSCIMENTO Esistono numerose specie di afidi: tutte appartengono alla famiglia degli Aphididae. Le specie parassite delle orticole si caratterizzano per un'elevata polifagia e, con rare eccezioni, sono in grado di nutrirsi a spese di piante appartenenti a specie e famiglie diverse.
Noti anche come pidocchi delle piante, questi piccoli insetti si nutrono della linfa delle piante. Grazie alla loro elevata capacità riproduttiva riescono a formare colonie molto numerose sulle foglie, che se colpite tendono ad ac-

cartocciarsi. Gli attacchi precoci sono gravi, perché impediscono il normale sviluppo della pianta e perché possono veicolare virosi che provocano deformazioni delle foglie e dei frutti.
Un altro danno causato dagli afidi è la produzione di melata, un essudato zuccherino che imbratta foglie e frutti favorendo lo sviluppo di fumaggini.

▶ VEDI CAP. 2 **Avversità comuni degli ortaggi**

## Aleurodidi delle serre *(Trialeurodes vaporariorum e Bemisia tabaci)*

**RICONOSCIMENTO** Gli aleurodidi, noti anche come mosche bianche, sono due specie originarie delle regioni tropicali, presenti frequentemente nelle serre di tutta Italia, ma in grado di provocare danni anche nelle colture in pieno campo in Liguria e nelle regioni meridionali.
Gli adulti, lunghi 0,7-1 mm con il corpo giallastro e le ali bianche, sono ricoperti da uno strato ceroso e polverulento che imbratta anche la vegetazione. Vivono sulla pagina inferiore delle foglie e si alzano in volo a gruppi appena vengono disturbati.
Gli stadi giovanili sono poco mobili: stazionano anch'essi sulla pagina inferiore delle foglie rivestiti da secrezioni cerose polverulente. Il danno è provocato dalla sottrazione di linfa che causa ingiallimenti fogliari, ma soprattutto dall'abbondante produzione di melata (dovuta principalmente all'attività delle forme giovanili), che imbratta foglie e frutti favorendo lo sviluppo di fumaggini.

▶ VEDI CAP. 2 **Avversità comuni degli ortaggi**

## Tripidi *(Frankliniella occidentalis e Thrips tabaci)*

RICONOSCIMENTO Gli adulti di Frankliniella sono lunghi circa 1 mm e di colore variabile: in primavera-estate ocra, più o meno chiaro, con striature o punteggiature più scure; in autunno brunastro. Gli stadi giovanili sono molto chiari.

Gli adulti di *Thrips tabaci* sono lunghi 1-2 mm, di colore chiaro, con ali allungate, strette e finemente frangiate.

I tripidi danneggiano tutti gli organi aerei sottraendo alla pianta la linfa attraverso le loro punture e deponendo le uova all'interno dei tessuti vegetali. Sulle foglie e sui fiori si formano macchie argentee che tendono a divenire necrotiche. I lembi fogliari si deformano arrotolandosi e seccandosi, mentre gli organi di riproduzione dei fiori vengono danneggiati.

Le punture sui frutti determinano suberificazioni e deformazioni del frutto stesso.

Il danno da ovideposizione si manifesta con formazione di macchie suberose e deformazioni dei tessuti interessati. Inoltre i tripidi sono vettori di virosi sul pomodoro.

I danni maggiori si verificano nelle colture protette (tunnel e serre).

▶ VEDI CAP. 2 **Avversità comuni degli ortaggi**

## Dorifora *(Leptinotarsa decemlineata)*

RICONOSCIMENTO La dorifora, sia da adulto (foto in alto) che da larva, è un coleottero che si nutre delle foglie delle Solanacee. Gli adulti, caratterizzati da elitre di colore giallastro segnate longitudinalmente da 10 evidenti strisce nere, svernano nel terreno e compaiono in campo tra fine aprile e inizio maggio. Dopo 7-10 giorni dalla comparsa si iniziano a trovare, ben riconoscibili sulla pagina inferiore delle foglie, le uova (foto in basso) di color giallo aranciato, riunite in gruppi e di forma allungata. Da queste nascono le larve di colore arancio-rossastro, con una doppia fila di tubercoli nerastri posti ai lati del corpo.

CURE COLTURALI Nei piccoli appezzamenti la distruzione manuale ogni 3-5 giorni delle uova e delle larve (appena sgusciate sono raggruppate) permette un controllo efficace del parassita, ed evita l'impiego di qualunque prodotto per la difesa. Le ispezioni devono proseguire per tutta la durata della coltivazione, ma se le prime sono accurate si può aumentare il tempo fra i due controlli successivi.

TRATTAMENTI Nei casi di coltivazioni estese o di difficoltà alla distruzione manuale si può intervenire con *Bacillus thuringiensis var. tenebrionis* ▶ oppure con prodotti a base di Azadiractina ▶ pochi giorni dopo aver verificato le prime sgusciature delle larve. Il trattamento va ripetuto ogni 7-10 giorni almeno per due volte, e comunque fino a quando sono presenti le larve.

CONSOCIAZIONI UTILI Lino, fagioli nani e petunie ▶ piantati in prossimità delle patate svolgono azione repellente nei confronti della dorifora.

▶ VEDI CAP. 3
Prodotti fitosanitari vegetali e minerali

▶ VEDI CAP. 7
Prodotti fitosanitari microbiologici

▶ VEDI CAP. 4
Consociazioni

## Peronospora della patata *(Phytophthora infestans)*

RICONOSCIMENTO La peronospora provoca prima decolorazioni e poi imbrunimenti e disseccamenti sulle foglie, ma colpisce anche i tuberi, su cui forma delle aree depresse di colore grigio-bluastro, sotto le quali i tessuti imbruniscono e assumono una consistenza spugnosa. Successivamente nei tuberi si possono insediare funghi e batteri che portano al loro disfacimento.
Questo fungo è favorito da temperature superiori a 10° C e da una umidità elevata. I primi attacchi iniziano normalmente nel periodo della fioritura, quando l'apparato fogliare è alla sua massima espansione (giugno).

PREPARATI VEGETALI L'uso ripetuto di preparati a base di rabarbaro, equiseto e/o tarassaco ▶ riduce la presenza e la dannosità di questo parassita.

▶ VEDI CAP. 4
Preparati vegetali

TRATTAMENTI Il fungo penetra nella patata quando le foglie sono bagnate. Quindi, a partire da giugno, è bene distribuire prodotti a base di rame ▶ appena prima o subito dopo ogni pioggia.

▶ VEDI CAP. 3
Prodotti fitosanitari vegetali e minerali

CONSOCIAZIONI UTILI La canapa piantata in prossimità delle patate svolge azione protettiva nei confronti della peronospora.

## Elateridi *(Agriotes spp.)*

RICONOSCIMENTO I danni sono causati dalle larve che hanno forma cilindrica, allungata, di colore giallastro-rossastro e il tegumento coriaceo. Gli adulti, avendo abitudini notturne, sono poco visibili. Le larve danneggiano i tuberi scavando delle gallerie. Gli attacchi sono poco prevedibili, anche se sono più frequenti quando gli ortaggi sono coltivati in successione a un prato e l'andamento climatico è umido.

CURE COLTURALI Negli appezzamenti di dimensioni maggiori è consigliabile concimare utilizzando fertilizzanti a base di panelli di ricino, che esercitano un'attività repellente verso gli elateridi.

TRAPPOLE In situazioni a rischio è opportuno monitorare la presenza di elateridi utilizzando trappole alimentari o a feromoni. ▶ Quando si accerta una presenza che può comportare rischi per le colture è bene procedere, poco prima della semina, a una raccolta massiva delle larve utilizzando le trappole alimentari. Questa tecnica è efficace soprattutto negli appezzamenti di piccole dimensioni.

▶ VEDI CAP. 6 Trappole

## Nottue *(Fam. Noctuidae)*

RICONOSCIMENTO Le nottue sono lepidotteri fitofagi attivi solitamente di notte, caratterizzati da estrema polifagia.
Le larve, di colore grigiastro o verde uniforme, si nutrono di foglie, frutti, radici, fusti e organi di riserva sotterranei. Il regime alimentare cambia a seconda della specie di nottua e della pianta attaccata.

▶ VEDI CAP. 2 Avversità comuni degli ortaggi

## Piralide *(Ostrinia nubilalis)*

RICONOSCIMENTO La piralide è un insetto che causa danni su peperone soprattutto nelle zone di coltivazione del mais, che è l'ospite primario di questo parassita. Il danno consiste in un foro nei frutti (solitamente vicino al picciolo) e nella presenza di larve al loro interno. Si tratta delle forme giovanili di una farfalla che, a partire da metà agosto, depone le uova sui frutti. Quando le uova si schiudono le larve penetrano nel frutto.
Gli adulti hanno un'apertura alare di 25-30 mm, ali anteriori giallastre, con variegature più scure nel maschio e meno evidenti nella femmina e ali posteriori di color crema. Le larve misurano 20-25 mm di lunghezza, sono di colore grigiastro o nocciola, e portano tre strisce longitudinali tendenti al verde.

CURE COLTURALI Nelle zone dove la piralide provoca danni, tutti gli anni può essere opportuno prevedere la copertura delle piante con una rete antinsetto. Se i peperoni sono coltivati in tunnel, la chiusura con tale rete risulterà più semplice.

TRATTAMENTI Al manifestarsi dei primi danni si eseguono trattamenti con *Bacillus thuringiensis var. kurstaki* ▶ da ripetere ogni 14 giorni.

▶ VEDI CAP. 7 **Prodotti fitosanitari microbiologici**

## Nottue *(Fam. Noctuidae)*

RICONOSCIMENTO Le nottue sono lepidotteri fitofagi attivi solitamente di notte, caratterizzati da estrema polifagia.
Le larve, di colore grigiastro o verde uniforme, si nutrono di foglie, frutti, radici, fusti e organi di riserva sotterranei. Il regime alimentare cambia a seconda della specie di nottua e della pianta attaccata.

▶ VEDI CAP. 2 **Avversità comuni degli ortaggi**

## Tuta absoluta *(Tuta absoluta)*

RICONOSCIMENTO La Tuta absoluta è un lepidottero originario del Sud America segnalato per la prima volta in Italia nel 2009.
Gli adulti hanno un'apertura alare di 10 mm circa, ali color grigio argento macchiettate di nero anteriormente e antenne filiformi.
Le larve sono di color crema con la testa nera.
I danni sono provocati dalle larve che scavano mine (gallerie) nelle foglie e sulla cuticola del frutto. Questi ultimi favoriscono l'insediamento di altri parassiti (fungini o batterici).
Tuta absoluta può compiere fino a 12 generazioni all'anno e ogni femmina può deporre fino a 260 uova. Si comprende quindi perché questo parassita sia molto temuto.
Un ulteriore motivo di preoccupazione è la rapidità con la quale si sono formati ceppi resistenti agli antiparassitari.

CURE COLTURALI La copertura della coltivazione con reti antinsetto impedisce al parassita di provocare danni. Per ridurre la popolazione di Tuta absoluta è opportuno in prossimità delle colture rimuovere le erbe infestanti, in particolare quelle che possono ospitare il parassita come l'erba morella (*Solanum nigrum*) ed evitare la coltivazione di Solanacee ornamentali (ad es. petunia, cestro, datura).

TRAPPOLE In aree soggette agli attacchi si può tentare la cattura massale impiegando trappole a feromoni. ▶

▶ VEDI CAP. 6 Trappole

TRATTAMENTI Si interviene con *Bacillus thuringiensis spp. Kurstaki* ▶ iniziando i trattamenti 5-7 giorni dopo aver catturato 3 adulti in una settimana e ripetendoli ogni 7-10 giorni finché proseguono le catture.
Il Bacillus può essere sostituito anche da prodotti a base di Azadiractina o, nel caso di un numero di catture settimanali superiore a 30 adulti, da prodotti a base di Spinosad.

▶ VEDI CAP. 7 Prodotti fitosanitari microbiologici

## Aleurodidi delle serre *(Trialeurodes vaporariorum e Bemisia tabaci)*

RICONOSCIMENTO Gli aleurodidi, noti anche come mosche bianche, sono due specie originarie delle regioni tropicali, presenti frequentemente nelle serre di tutta Italia, ma in grado di provocare danni anche nelle colture in pieno campo in Liguria e nelle regioni meridionali.

Gli adulti, lunghi 0,7-1 mm con il corpo giallastro e le ali bianche, sono ricoperti da uno strato ceroso e polverulento che imbratta anche la vegetazione. Vivono sulla pagina inferiore delle foglie e si alzano in volo a gruppi appena vengono disturbati.

Gli stadi giovanili sono poco mobili: stazionano anch'essi sulla pagina inferiore delle foglie rivestiti da secrezioni cerose polverulente.

Il danno è provocato dalla sottrazione di linfa che causa ingiallimenti fogliari, ma soprattutto dalla abbondante produzione di melata (dovuta principalmente alla attività delle forme giovanili), che imbratta foglie e frutti favorendo lo sviluppo di fumaggini.

▶ VEDI CAP. 2 Avversità comuni degli ortaggi

## Peronospora del pomodoro *(Phytophthora infestans)*

RICONOSCIMENTO La peronospora del pomodoro colpisce le foglie e i fusti provocando decolorazioni e successivamente imbrunimenti. I frutti sono attaccati quando sono ancora verdi: su di essi compaiono macchie irregolari, depresse e traslucide, di un colore che va dal verde oliva al bruno. La bacca attaccata dal fungo cade al suolo e marcisce. In caso di attacchi gravi la pianta muore e la produzione viene persa completamente.
La peronospora è favorita da temperature superiori a 10° C ed elevata umidità. I primi attacchi iniziano normalmente quando l'apparato fogliare ha raggiunto la sua massima espansione (giugno).

CURE COLTURALI Nelle zone particolarmente piovose si possono evitare i danni da peronospora limitando la coltivazione del pomodoro ai soli tunnel, oppure realizzando una copertura parapioggia.

PREPARATI VEGETALI L'uso ripetuto di preparati a base di foglie di pomodoro, equiseto e/o tarassaco ▶ contribuisce a ridurre la dannosità di questo parassita.

▶ VEDI CAP. 4
Preparati vegetali

TRATTAMENTI Il fungo penetra nelle foglie del pomodoro quando queste sono bagnate. Quindi, a partire da giugno, è bene distribuire prodotti a base di rame ▶ appena prima o subito dopo ogni pioggia. Dopo l'inizio della raccolta è consigliabile utilizzare prodotti a base di gluconato di rame, perché con questi prodotti non è necessario sospendere la raccolta dopo il trattamento.

▶ VEDI CAP. 3
Prodotti fitosanitari vegetali e minerali

## Cimice verde *(Nezara viridula)*

RICONOSCIMENTO Gli adulti sono lunghi circa 15 mm, hanno la forma di un pentagono e sono di colore verde chiaro. Le forme giovanili sono quasi nere,

punteggiate di bianco.
Questa cimice, in tutte le fasi della vita, punge le bacche dei pomodori provocando la comparsa di punteggiature anche estese, prima giallastre e poi necrotiche. I frutti colpiti assumono un gusto poco gradevole. L'insetto è presente da metà luglio fino ai primi freddi.

PREPARATI VEGETALI L'uso ripetuto di preparati repellenti a base di aglio, assenzio, lavanda e/o tanaceto ▶ riduce la presenza di questo insetto sulla coltura.

▶ VEDI CAP. 4 Preparati vegetali

TRATTAMENTI Quando iniziano a manifestarsi i danni è possibile intervenire utilizzando prodotti a base di piretro, di Azadiractina o di oli minerali estivi. ▶

▶ VEDI CAP. 3 Prodotti fitosanitari vegetali e minerali

## Nottue *(Fam. Noctuidae)*

RICONOSCIMENTO Le nottue sono lepidotteri fitofagi attivi solitamente di notte, caratterizzati da estrema polifagia.
Le larve, di colore grigiastro o verde uniforme, si nutrono di foglie, frutti, radici, fusti e organi di riserva sotterranei. Il regime alimentare cambia a seconda della specie di nottua e della pianta attaccata.

▶ VEDI CAP. 2 Avversità comuni degli ortaggi

## Aleurodidi delle serre *(Trialeurodes vaporariorum e Bemisia tabaci)*

RICONOSCIMENTO Gli aleurodidi, noti anche come mosche bianche, sono due specie originarie delle regioni tropicali, presenti frequentemente nelle serre di tutta Italia, ma in grado di provocare danni anche nelle colture in pieno

campo in Liguria e nelle regioni meridionali.
Gli adulti, lunghi 0,7-1 mm con il corpo giallastro e le ali bianche, sono ricoperti da uno strato ceroso e polverulento che imbratta anche la vegetazione. Vivono sulla pagina inferiore delle foglie e si alzano in volo a gruppi appena vengono disturbati.
Gli stadi giovanili sono poco mobili: stazionano anch'essi sulla pagina inferiore delle foglie rivestiti da secrezioni cerose polverulente. Il danno è provocato dalla sottrazione di linfa, che causa ingiallimenti fogliari, ma soprattutto dalla abbondante produzione di melata (dovuta principalmente all'attività delle forme giovanili), che imbratta foglie e frutti favorendo lo sviluppo di fumaggini.

▶ VEDI CAP. 2 Avversità comuni degli ortaggi

## Tripidi *(Frankliniella occidentalis e Thrips tabaci)*

RICONOSCIMENTO Gli adulti di Frankliniella sono lunghi circa 1 mm e di colore variabile: in primavera-estate ocra, più o meno chiaro, con striature o punteggiature più scure; in autunno brunastro. Gli stadi giovanili sono molto chiari.
Gli adulti di *Thrips tabaci* sono lunghi 1-2 mm, di colore chiaro, con ali allungate, strette e finemente frangiate.
I tripidi danneggiano tutti gli organi aerei sottraendo alla pianta la linfa attraverso le loro punture e deponendo le uova all'interno dei tessuti vegetali. Sulle foglie e sui fiori si formano macchie argentee che tendono a divenire necrotiche. I lembi fogliari si deformano arrotolandosi e seccandosi, mentre gli organi di riproduzione dei fiori vengono danneggiati.
Le punture sui frutti determinano suberificazioni e deformazioni del frutto stesso.
Il danno da ovideposizione si manifesta con formazione di macchie suberose e deformazioni dei tessuti interessati. Inoltre i tripidi sono vettori di virosi sul pomodoro.
I danni maggiori si verificano nelle colture protette (tunnel e serre).

▶ VEDI CAP. 2 Avversità comuni degli ortaggi

## Tuta absoluta *(Tuta absoluta)*

RICONOSCIMENTO La Tuta absoluta è un lepidottero originario del Sud America segnalato per la prima volta in Italia nel 2009.
Gli adulti hanno un'apertura alare di 10 mm circa, ali color grigio argento macchiettate di nero anteriormente e antenne filiformi.
Le larve sono di color crema con la testa nera.
I danni sono provocati dalle larve che scavano mine (gallerie) nelle foglie e sulla cuticola del frutto. Questi ultimi favoriscono l'insediamento di altri parassiti (fungini o batterici).
Tuta absoluta può compiere fino a 12 generazioni all'anno e ogni femmina può deporre fino a 260 uova. Si comprende quindi perché questo parassita sia molto temuto. Un ulteriore motivo di preoccupazione è la rapidità con la quale si sono formati ceppi resistenti agli antiparassitari.

CURE COLTURALI La copertura della coltivazione con reti antinsetto impedisce al parassita di provocare danni. Per ridurre la popolazione di Tuta absoluta è opportuno in prossimità delle colture rimuovere le erbe infestanti, in particolare quelle che possono ospitare il parassita come l'erba morella (*Solanum nigrum*) ed evitare la coltivazione di Solanacee ornamentali (ad es. petunia, cestro, datura).

TRAPPOLE In aree soggette agli attacchi si può tentare la cattura massale impiegando trappole a feromoni. ▶

▶ VEDI CAP. 6 Trappole

TRATTAMENTI Si interviene con *Bacillus thuringiensis spp. Kurstaki* ▶ iniziando i trattamenti 5-7 giorni dopo aver catturato 3 adulti in una settimana e ripetendoli ogni 7-10 giorni finché proseguono le catture.
Il Bacillus può essere sostituito anche da prodotti a base di Azadiractina o, nel caso di un numero di catture settimanali superiore a 30 adulti, da prodotti a base di Spinosad.

▶ VEDI CAP. 7 Prodotti fitosanitari microbiologici

## Mosca del porro *(Napomyza gymnostoma)*

RICONOSCIMENTO È un dittero che depone le uova al colletto dei bulbi o nell'ascella delle foglie. Dalle uova nascono larve giallastre lunghe fino a 8 mm, che penetrano nei tessuti fogliari rendendoli suscettibili ad attacchi batterici, che provocano marcescenze maleodoranti. Gli attacchi sono particolarmente gravi subito dopo il trapianto, perché portano alla distruzione delle piante.

CURE COLTURALI Un adeguato avvicendamento colturale riduce i rischi determinati da questo insetto, perché la mosca del porro è un cattivo volatore. In caso di attacchi ripetuti, è opportuno coprire le piante con tessuto non tessuto subito dopo il trapianto.
La consociazione con la carota riduce la presenza della mosca.

PREPARATI VEGETALI L'impiego di preparati repellenti a base di assenzio e/o lavanda ▶ può ridurre l'incidenza degli attacchi parassitari.

▶ VEDI CAP. 4
Preparati vegetali

## Peronospora *(Peronospora schleideni)*

RICONOSCIMENTO Questa malattia fungina si manifesta con macchie biancastre e allungate sulle foglie. Con andamenti climatici umidi le macchie evolvono in una muffa grigio violacea, mentre con andamenti secchi la parte colpita tende a necrotizzare (seccare). In entrambi i casi le foglie perdono consistenza e si piegano verso il basso. I bulbi prodotti dalle piante ammalate sono poco sviluppati e generano piantine stentate.

CURE COLTURALI Utilizzare bulbi sani, evitare gli eccessi di concimazione con azoto e assicurare il drenaggio dell'acqua in eccesso.

PREPARATI VEGETALI L'uso ripetuto di macerati o decotti di equiseto e/o tarassaco ▶ contribuisce a ridurre la presenza e la dannosità di questo parassita.

▶ VEDI CAP. 4
Preparati vegetali

TRATTAMENTI Quando le condizioni climatiche sono favorevoli allo sviluppo del fungo (temperature superiori a 18° C, umidità relativa alta, bagnatura prolungata delle foglie) si deve intervenire con prodotti a base di rame. ▶

▶ VEDI CAP. 3
Prodotti fitosanitari vegetali e minerali

## Septoriosi del prezzemolo *(Septoria petroselini)*

RICONOSCIMENTO È una malattia fungina che si manifesta sulle foglie con macchie giallastre contornate di scuro e di forma irregolare. Inizialmente le macchie si trovano sui margini fogliari e poi confluiscono fino a provocare il disseccamento delle foglie.

La presenza lungo i fusti di corpiccioli nerastri è un altro sintomo tipico della septoriosi. Questi possono essere presenti anche sui semi e determinare la diffusione della malattia.

Le condizioni climatiche favorevoli allo sviluppo di questo fungo sono temperature medio-alte, alta umidità e bagnatura delle foglie.

CURE COLTURALI La prima misura di difesa è l'impiego di sementi sane. Se i danni si presentano su piante già sviluppate è possibile evitare i trattamenti raccogliendo le foglie e, se la malattia è ai primi stadi, consumandole in attesa di un nuovo ricaccio.

PREPARATI VEGETALI Si può ottenere una parziale disinfezione dei semi immergendoli prima della semina in un preparato a base di camomilla.

Trattamenti ripetuti sulle piante giovani con preparati a base di equiseto e/o tarassaco ▶ contribuiscono a ridurre la pericolosità del patogeno.

TRATTAMENTI I trattamenti sono indispensabili quando le piante sono ancora giovani. In questo caso, in presenza dei primi sintomi bisogna intervenire con prodotti a base di rame. ▶

▶ VEDI CAP. 4
Preparati vegetali

▶ VEDI CAP. 3
Prodotti fitosanitari vegetali e minerali

## Mal bianco *(Erysiphe cichoracearum, Sphaerotheca fuliginea)*

RICONOSCIMENTO Il mal bianco o oidio è una malattia fungina che provoca chiazze bianche polverulente colpendo prima la pagina inferiore delle foglie per poi estendersi a tutto l'apparato fogliare. I primi attacchi si osservano in giugno, ma la maggiore diffusione della malattia si ha fra agosto e settembre. Quando l'attacco è molto forte le foglie ingialliscono e poi disseccano. L'oidio è favorito da temperature vicine ai 26° C e da un'elevata umidità dell'aria (U.R. 70%). L'infestazione si arresta con temperature inferiori ai 10° C e superiori ai 35° C ed è frenata dalle piogge.

▸ VEDI CAP. 2 Avversità comuni degli ortaggi

## Elateridi *(Agriotes spp.)*

RICONOSCIMENTO I danni sono causati dalle larve che hanno forma cilindrica, allungata, di colore giallastro-rossastro e il tegumento coriaceo. Gli adulti, avendo abitudini notturne, sono poco visibili. Si nutrono delle radici della lattuga. Gli attacchi sono poco prevedibili, anche se sono più frequenti quando gli ortaggi sono coltivati in successione a un prato e l'andamento climatico è umido.

CURE COLTURALI Negli appezzamenti di dimensioni maggiori è consigliabile concimare utilizzando fertilizzanti a base di panelli di ricino, che esercitano un'attività repellente verso gli elateridi.

TRAPPOLE In situazioni a rischio è opportuno monitorare la presenza di elateridi installando trappole alimentari o a feromoni. ▶
Quando si accerta una presenza che può comportare rischi per le colture è bene procedere, poco prima della semina, a una raccolta massiva delle larve, utilizzando le trappole alimentari. Questa tecnica è efficace soprattutto negli appezzamenti di piccole dimensioni.

## Afidi *(Fam. Aphididae)*

RICONOSCIMENTO Esistono numerose specie di afidi: tutte appartengono alla famiglia degli Aphididae. Le specie parassite delle orticole si caratterizzano per un'elevata polifagia e, con rare eccezioni, sono in grado di nutrirsi a spese di piante appartenenti a specie e famiglie diverse.
Noti anche come pidocchi delle piante, questi piccoli insetti si nutrono della linfa delle piante.
Grazie alla loro elevata capacità riproduttiva riescono a formare colonie molto numerose sulle foglie, che se colpite tendono ad accartocciarsi. Gli attacchi precoci sono gravi, perché impediscono il normale sviluppo della pianta e perché possono veicolare virosi che provocano deformazioni delle foglie e dei frutti.
Un altro danno causato dagli afidi è la produzione di melata, un essudato zuccherino che imbratta foglie e frutti favorendo lo sviluppo di fumaggini.

▶ VEDI CAP. 2 Avversità comuni degli ortaggi

## Nottue *(Fam. Noctuidae)*

RICONOSCIMENTO Le nottue sono lepidotteri fitofagi attivi solitamente di notte, caratterizzati da estrema polifagia.
Le larve, di colore grigiastro o verde uniforme, si nutrono di foglie, frutti, radici, fusti e organi di riserva sotterranei. Il regime alimentare cambia a seconda della specie di nottua e della pianta attaccata.

▸ VEDI CAP. 2 **Avversità comuni degli ortaggi**

## Marciumi radicali e del colletto *(Fusarium spp., Sclerotinia, spp., Phoma spp.)*

RICONOSCIMENTO I marciumi radicali e del colletto possono essere originati da diversi patogeni fungini specifici per ogni specie. Si sviluppano soprattutto nei terreni umidi, in particolare se l'acqua non sgronda bene.
Possono manifestarsi in tutte le fasi di sviluppo delle piante e portano al disfacimento di parti di quelle che ne vengono colpite, fino a farle marcire interamente.

CURE COLTURALI Contro queste avversità si possono adottare solo misure preventive: avvicendamenti adeguati, sesti di impianto ampi, concimazioni equili-

brate, trapianti con il colletto alto, irrigazioni oculate evitando l'impiego di acque fredde. Non esistono infatti prodotti efficaci contro questi funghi.
Alla loro comparsa è necessario sospendere per almeno 4-5 anni la coltivazione della specie colpita nella aiuola in cui si sono manifestati.
La fertilizzazione con letame o compost contribuisce a ripristinare l'equilibrio microbico nel terreno e a ridurre la pericolosità dei patogeni.

TRATTAMENTI L'uso preventivo di preparati a base di *Coniothyrium minitans* può ridurre in modo significativo l'attacco da parte di funghi del genere Sclerotinia. L'impiego di Trichoderma ▶ è consigliato prima di riprendere la coltivazione del radicchio o di un'altra composita in una parcella precedentemente colpita da questi patogeni.

▶ VEDI CAP. 7 **Prodotti fitosanitari microbiologici**

## Lumache e limacce *(Fam. Limacidae)*

RICONOSCIMENTO Le lumache prive di conchiglia, chiamate comunemente limacce (*Limax*), e le lumache provviste di guscio, chiamate comunemente chiocciole (*Helix*), costituiscono un gruppo molto eterogeneo di molluschi gasteropodi terrestri, caratterizzato da colori e dimensioni molto diversi, ma tutti con il corpo mucillaginoso e privo di zampe.
Tra questi sono poche, e appartenenti principalmente al gruppo delle limacce, le specie che minacciano seriamente le colture.
Durante la giornata questi gasteropodi si riparano negli anfratti ombreggiati e umidi del terreno e al tramonto si spostano sulle piante per tornare poi al riparo al sorgere del sole.
Sono animali polifagi che si nutrono di foglie, su cui provocano rosure, danneggiando in modo particolare le giovani piantine. Nelle condizioni ottimali (elevata umidità dell'aria e del terreno, temperature miti e bassa luminosità) il loro attacco può causare gravi danni in quanto sono in grado di consumare, ogni 24 ore, fino al 50% del loro peso.

▶ VEDI CAP. 2 **Avversità comuni degli ortaggi**

## Altica o pulce di terra *(Chaetocnema tibialis)*

RICONOSCIMENTO L'altica è un piccolo coleottero lungo circa 12 mm di colore verde-bluastro scuro, quasi nero, con riflessi metallici.

Le larve vivono nel terreno, in prossimità delle radici delle piante, dove sembra non rechino danni particolari.

A danneggiare le piante sono invece gli adulti che attaccano le foglie, specialmente i cotiledoni e le prime foglioline, ostacolandone lo sviluppo.

La presenza delle altiche si evidenzia facilmente perché gli adulti causano rosure tondeggianti sul lembo fogliare, che appare come crivellato da pallini.

Questo parassita si riconosce facilmente anche perché, appena si smuovono le foglie, l'insetto compie repentini salti tra la vegetazione (da qui il nome di "pulce di terra").

È attivo soprattutto durante le ore più calde della giornata, mentre quando fa freddo o piove rimane nascosto fra le foglie.

È pericoloso soprattutto nelle prime fasi di sviluppo della pianta, perché può provocare gravi fallanze nei semenzai, la morte delle giovani piantine o la crescita stentata.

▸ VEDI CAP. 2 Avversità comuni degli ortaggi

## Altica o pulce di terra *(Chaetocnema tibialis)*

RICONOSCIMENTO L'altica è un piccolo coleottero lungo circa 12 mm di colore verde-bluastro scuro, quasi nero, con riflessi metallici. Le larve vivono nel terreno, in prossimità delle radici delle piante, dove sembra non rechino danni particolari.

A danneggiare le piante sono invece gli adulti che attaccano le foglie, specialmente i cotiledoni e le prime foglioline, ostacolandone lo sviluppo.

La presenza delle altiche si evidenzia facilmente perché gli adulti causano rosure tondeggianti sul lembo fogliare, che appare come crivellato da pallini. Questo parassita si riconosce facilmente anche perché, appena si smuovono le foglie, l'insetto compie repentini salti tra la vegetazione (da qui il nome di "pulce di terra").

È attivo soprattutto durante le ore più calde della giornata, mentre quando fa freddo o piove rimane nascosto fra le foglie.

È pericoloso soprattutto nelle prime fasi di sviluppo della pianta, perché può provocare gravi fallanze nei semenzai, la morte delle giovani piantine o la crescita stentata.

▶ VEDI CAP. 2 **Avversità comuni degli ortaggi**

## Mosca del cavolo *(Delia radicum)*

RICONOSCIMENTO Le larve di questo dittero sono lunghe circa 8 mm, di colore bianco e con una serie di protuberanze posteriori disposte ad anello. Penetrano sotto l'epidermide del colletto e delle radici scavando gallerie profonde. Le maggiori infestazioni riguardano le colture primaverili.

CURE COLTURALI Per difendersi da questo parassita nelle zone a rischio conviene mantenere coperta la coltura con tessuto non tessuto fra aprile e maggio, in modo da evitare la deposizione delle uova nelle vicinanze delle piante.

PREPARATI VEGETALI L'uso ripetuto di preparati repellenti a base preferenzialmente di assenzio ▶ riduce la presenza e la dannosità di questi parassiti.

▶ VEDI CAP. 4 Preparati vegetali

## Lumache e limacce *(Fam. Limacidae)*

RICONOSCIMENTO Le lumache prive di conchiglia, chiamate comunemente limacce (*Limax*), e le lumache provviste di guscio, chiamate comunemente chiocciole (*Helix*), costituiscono un gruppo molto eterogeneo di molluschi gasteropodi terrestri, caratterizzato da colori e dimensioni molto diversi, ma tutti con il corpo mucillaginoso e privo di zampe.

Tra questi sono poche, e appartenenti principalmente al gruppo delle limacce, le specie che minacciano seriamente le colture.

Durante la giornata questi gasteropodi si riparano negli anfratti ombreggiati e umidi del terreno e al tramonto si spostano sulle piante per tornare poi al riparo al sorgere del sole.

Sono animali polifagi che si nutrono di foglie, su cui provocano rosure, danneggiando in modo particolare le giovani piantine. Nelle condizioni ottimali (elevata umidità dell'aria e del terreno, temperature miti e bassa luminosità) il loro attacco può causare gravi danni in quanto sono in grado di consumare, ogni 24 ore, fino al 50% del loro peso.

▶ VEDI CAP. 2 Avversità comuni degli ortaggi

## Altica o pulce di terra *(Chaetocnema tibialis)*

RICONOSCIMENTO L'altica è un piccolo coleottero lungo circa 12 mm di colore verde-bluastro scuro, quasi nero, con riflessi metallici.

Le larve vivono nel terreno, in prossimità delle radici delle piante, dove sembra non rechino danni particolari.

A danneggiare le piante sono invece gli adulti che attaccano le foglie, specialmente i cotiledoni e le prime foglioline, ostacolandone lo sviluppo.

La presenza delle altiche si evidenzia facilmente perché gli adulti causano rosure tondeggianti sul lembo fogliare, che appare come crivellato da pallini.

Questo parassita si riconosce facilmente anche perché, appena si smuovono le foglie, l'insetto compie repentini salti tra la vegetazione (da qui il nome di "pulce di terra").

È attivo soprattutto durante le ore più calde della giornata, mentre quando fa freddo o piove rimane nascosto fra le foglie.

È pericoloso soprattutto nelle prime fasi di sviluppo della pianta, perché può provocare gravi fallanze nei semenzai, la morte delle giovani piantine o la crescita stentata.

▶ VEDI CAP. 2 **Avversità comuni degli ortaggi**

## Marciumi radicali e del colletto *(Fusarium spp., Sclerotinia, spp., Phoma spp.)*

RICONOSCIMENTO I marciumi radicali e del colletto possono essere originati da diversi patogeni fungini specifici per ogni specie. Si sviluppano soprattutto nei terreni umidi, in particolare se l'acqua non sgronda bene.
Possono manifestarsi in tutte le fasi di sviluppo delle piante e portano al disfacimento di parti di quelle che vengono colpite, fino a farle marcire interamente.

CURE COLTURALI Contro questa avversità si possono adottare solo misure preventive: avvicendamenti adeguati, sesti di impianto ampi, concimazioni equilibrate, trapianti con il colletto alto, irrigazioni oculate evitando l'impiego di acque fredde. Non esistono infatti prodotti efficaci contro questi funghi.
Alla loro comparsa è necessario sospendere per almeno 4-5 anni la coltivazione della specie colpita nella aiuola in cui si sono manifestati.
La fertilizzazione con letame o compost contribuisce a ripristinare l'equilibrio microbico nel terreno e a ridurre la pericolosità dei patogeni.

TRATTAMENTI L'uso preventivo di preparati a base di *Coniothyrium minitans* può ridurre in modo significativo l'attacco da parte di funghi del genere *Sclerotinia*. L'impiego di Trichoderma ▶ è consigliato prima di riprendere la coltivazione dalla scarola o di un'altra composita in una parcella precedentemente colpita da questi patogeni.

▶ VEDI CAP. 7
**Prodotti fitosanitari microbiologici**

## Septoriosi del sedano *(Septoria apiicola)*

RICONOSCIMENTO Questo fungo provoca la comparsa sulle foglie di macchie di grandezza variabile, prima giallastre e poi necrotizzate con contorni non sempre delimitati. I sintomi possono comparire in qualsiasi momento del ciclo vegetativo. Si manifestano prima sulle foglie più vecchie, estendendosi poi a tutta la pianta, provocandone in tempi più o meno lunghi l'avvizzimento e il disseccamento.

CURE COLTURALI La difesa si basa sull'adozione di misure preventive: avvicendamenti adeguati, uso di sementi sane, sostituzione del terriccio nei semenzai.

PREPARATI VEGETALI L'uso ripetuto di macerati o decotti di equiseto, achillea millefoglie e/o tarassaco ▸ contribuisce a ridurre la presenza e la dannosità di questo parassita.

▸ VEDI CAP. 4
Preparati vegetali

TRATTAMENTI Quando si manifestano le prime macchie e in presenza di un andamento climatico piovoso si deve intervenire con prodotti a base di rame. ▸

▸ VEDI CAP. 3
Prodotti fitosanitari vegetali e minerali

CONSOCIAZIONI UTILI Porro e cavolfiori ▸ piantati in prossimità del sedano svolgono azione protettiva nei confronti della septoriosi.

▸ VEDI CAP. 4
Consociazioni

## Lumache e limacce *(Fam. Limacidae)*

RICONOSCIMENTO Le lumache prive di conchiglia, chiamate comunemente limacce (*Limax*), e le lumache provviste di guscio, chiamate comunemente chiocciole (*Helix*), costituiscono un gruppo molto eterogeneo di molluschi gasteropodi terrestri, caratterizzato da colori e dimensioni molto diversi, ma tutti con il corpo mucillaginoso e privo di zampe.

Tra questi sono poche, e appartenenti principalmente al gruppo delle limacce, le specie che minacciano seriamente le colture.

Durante la giornata questi gasteropodi si riparano negli anfratti ombreggiati e umidi del terreno e al tramonto si spostano sulle piante per tornare poi al riparo al sorgere del sole.

Sono animali polifagi che si nutrono di foglie, su cui provocano rosure, danneggiando in modo particolare le giovani piantine. Nelle condizioni ottimali (elevata umidità dell'aria e del terreno, temperature miti e bassa luminosità) il loro attacco può causare gravi danni in quanto sono in grado di consumare, ogni 24 ore, fino al 50% del loro peso.

▶ VEDI CAP. 2 **Avversità comuni degli ortaggi**

## Mal bianco *(Erysiphe cichoracearum, Sphaerotheca fuliginea)*

RICONOSCIMENTO Il mal bianco o oidio è una malattia fungina che provoca chiazze bianche polverulente colpendo prima la pagina inferiore delle foglie per poi estendersi a tutto l'apparato fogliare. I primi attacchi si osservano in giugno, ma la maggiore diffusione della malattia si ha fra agosto e settembre. Quando l'attacco è molto forte le foglie ingialliscono e poi disseccano. L'oidio è favorito da temperature vicine ai 26° C e da un'elevata umidità dell'aria (U.R. 70%). L'infestazione si arresta con temperature inferiori ai 10° C e superiori ai 35° C ed è frenata dalle piogge.

▸ VEDI CAP. 2 Avversità comuni degli ortaggi

## Afidi *(Fam. Aphididae)*

RICONOSCIMENTO Esistono numerose specie di afidi: tutte appartengono alla famiglia degli Aphididae. Le specie parassite delle orticole si caratterizzano per un'elevata polifagia e, con rare eccezioni, sono in grado di nutrirsi a spese di piante appartenenti a specie e famiglie diverse.

Noti anche come pidocchi delle piante, questi piccoli insetti si nutrono della linfa delle piante. Grazie alla loro elevata capacità riproduttiva riescono a formare colonie molto numerose sulle foglie, che se colpite tendono ad accartocciarsi. Gli attacchi precoci sono gravi, perché impediscono il normale sviluppo della pianta e perché possono veicolare virosi che provocano deformazioni delle foglie e dei frutti.

Un altro danno causato dagli afidi è la produzione di melata, un essudato zuccherino che imbratta foglie e frutti favorendo lo sviluppo di fumaggini.

## Nottue *(Fam. Noctuidae)*

RICONOSCIMENTO Le nottue sono lepidotteri fitofagi attivi solitamente di notte, caratterizzati da estrema polifagia.

Le larve, di colore grigiastro o verde uniforme, si nutrono di foglie, frutti, radici, fusti e organi di riserva sotterranei. Il regime alimentare cambia a seconda della specie di nottua e della pianta attaccata.

▸ VEDI CAP. 2 **Avversità comuni degli ortaggi**

## Aleurodidi delle serre *(Trialeurodes vaporariorum e Bemisia tabaci)*

RICONOSCIMENTO Gli aleurodidi, noti anche come mosche bianche, sono due specie originarie delle regioni tropicali, presenti frequentemente nelle serre di tutta Italia, ma in grado di provocare danni anche nelle colture in pieno campo in Liguria e nelle regioni meridionali. Gli adulti, lunghi 0,7-1 mm con il corpo giallastro e le ali bianche, sono ricoperti da uno strato ceroso e polverulento che imbratta anche la vegetazione. Vivono sulla pagina inferiore delle foglie e si alzano in volo a gruppi appena vengono disturbati.

Gli stadi giovanili sono poco mobili: stazionano anch'essi sulla pagina inferiore delle foglie rivestiti da secrezioni cerose polverulente.

Il danno è provocato dalla sottrazione di linfa che causa ingiallimenti fogliari, ma soprattutto dall'abbondante produzione di melata (dovuta principalmente all'attività delle forme giovanili) che imbratta foglie e frutti favorendo lo sviluppo di fumaggini.

▸ VEDI CAP. 2 **Avversità comuni degli ortaggi**i

CAPITOLO 2

# Avversità comuni degli ortaggi

CAPITOLO 2

# Avversità comuni degli ortaggi

*Come tutti gli orticoltori sanno, molti patogeni sono comuni a diverse specie coltivate o spontanee. Pertanto per evitare noiose ripetizioni nell'esposizione organizzata per tipo di pianta, abbiamo deciso di riunire in questo capitolo i parassiti che attaccano più ortaggi.*

*A questo secondo capitolo infatti, si viene rinviati dal precedente ogni volta che nelle schede degli ortaggi non sono presenti i suggerimenti per gli interventi di difesa ma solo le indicazioni per il riconoscimento con la descrizione del parassita e dei possibili danni.*

*Per il resto le schede contenute in questo capitolo presentano la stessa struttura del capitolo 1: descrizione del parassita ed eventualmente del ciclo biologico, danni arrecati alle piante, pratiche colturali e agronomiche per la prevenzione e indicazioni per la lotta diretta.*

*In qualche caso, le schede informative sono dedicate a un gruppo di parassiti caratterizzati da cicli biologici e modalità di attacco assai simili; in altri si tratta del medesimo organismo caratterizzato da un'elevata polifagia; in altri ancora bisogna fare riferimento a gruppi di parassiti, come per esempio gli afidi, che possono appartenere a specie diverse, ma che possono essere contrastati con interventi identici o molto simili.*

*Un altro motivo per cui sono stati raggruppati in un capitolo a parte i parassiti comuni degli ortaggi è per facilitare la presa di consapevolezza dell'utilità di pratiche come la rotazione e l'avvicendamento colturale: ripetere nella stessa aiuola in stagioni diverse la coltivazione della stessa specie o di specie appartenenti alla stessa famiglia facilita la proliferazione dei parassiti e rende più difficoltosa la lotta con prodotti non tossici.*

# AFIDI

ORTAGGI ATTACCATI:
- **Cetriolo**
- **Fagiolo**
- **Fagiolino**
- **Fave**
- **Lattuga**
- **Melone**
- **Radicchio**
- **Zucchino**

**RICONOSCIMENTO** Esistono numerose specie di afidi: tutte appartengono alla famiglia degli Aphididae. Le specie parassite delle orticole si caratterizzano per un'elevata polifagia e, con rare eccezioni, sono in grado di nutrirsi a spese di piante appartenenti a specie e famiglie diverse.

Noti anche come pidocchi delle piante, questi piccoli insetti si nutrono della linfa delle piante. Grazie alla loro elevata capacità riproduttiva riescono a formare colonie molto numerose sulle foglie, che se colpite tendono ad accartocciarsi. Gli attacchi precoci sono gravi, perché impediscono il normale sviluppo della pianta e perché possono veicolare virosi che provocano deformazioni delle foglie e dei frutti.

Un altro danno causato dagli afidi è la produzione di melata, un essudato zuccherino che imbratta foglie e frutti favorendo lo sviluppo di fumaggini.

**CURE COLTURALI** Concimazioni azotate eccessive predispongono le piante agli attacchi di questi insetti. Se gli afidi si presentano per più anni con regolarità bisogna verificare le dosi di azoto apportate e provvedere, eventualmente, a ridurle.

**ORGANISMI UTILI** Gli afidi hanno diversi predatori e parassiti naturali (coccinelle, sirfidi, crisope ecc.), che sono in grado di controllarne la popolazione a partire dall'inizio dell'estate. Tutti gli interventi volti a tutelare la popolazione di questi utili, così come il loro lancio in campo, aiutano nel controllo degli afidi. ▶

▶ VEDI CAP. 8 Organismi utili

**PREPARATI VEGETALI** L'uso ripetuto di preparati repellenti a base di assenzio, aglio, lavanda e/o rabarbaro ▶ riduce la presenza e la dannosità di questi parassiti. Il decotto di quassio ▶ ha un'azione afidicida.

▶ VEDI CAP. 4 Preparati vegetali

**RIMEDI NATURALI** Anche il sapone di Marsiglia ▶ è utile nella lotta contro gli afidi.

▶ VEDI CAP. 5 Rimedi naturali

**TRATTAMENTI** Quando le colonie compaiono precocemente si interviene con sapone molle di potassio ▶ o con prodotti a base di *Beauveria bassiana*, ▶ eseguendo trattamenti localizzati e cercando di colpire direttamente gli insetti. Sebbene siano efficaci anche i trattamenti con piretro, è preferibile evitarli perché colpiscono gli insetti utili.

▶ VEDI CAP. 7 Prodotti fitosanitari microbiologici

ORTAGGI ATTACCATI:

- Cetriolo
- Melanzana
- Melone
- Peperone
- Pomodoro
- Zucchino

RICONOSCIMENTO Gli aleurodidi, noti anche come mosche bianche, sono due specie originarie delle regioni tropicali, presenti frequentemente nelle serre di tutta Italia, ma in grado di provocare danni anche nelle colture in pieno campo in Liguria e nelle regioni meridionali.

Gli adulti, lunghi 0,7-1 mm con il corpo giallastro e le ali bianche, sono ricoperti da uno strato ceroso e polverulento che imbratta anche la vegetazione. Vivono sulla pagina inferiore delle foglie e si alzano in volo a gruppi appena vengono disturbati.

Gli stadi giovanili sono poco mobili: stazionano anch'essi sulla pagina inferiore delle foglie rivestiti da secrezioni cerose polverulente.

Il danno è provocato dalla sottrazione di linfa che causa ingiallimenti fogliari, ma soprattutto dall'abbondante produzione di melata (dovuta principalmente all'attività delle forme giovanili) che imbratta foglie e frutti favorendo lo sviluppo di fumaggini.

**CURE COLTURALI** Nel caso di infestazioni in serra, prima di iniziare un nuovo ciclo colturale, è opportuno ripulire gli ambienti da ogni forma di vegetazione. Installare reti antinsetto nella serra per proteggere le colture efficacemente.

**TRAPPOLE** Per ridurre la popolazione di aleurodidi si può provvedere alla loro cattura installando trappole cromotropiche ▶ gialle.

▶ VEDI CAP. 6 Trappole

**ORGANISMI UTILI** Le popolazioni di aleurodidi possono essere controllate in serra e in pieno campo con lanci di *Encarsia formosa* o, nei climi e nelle stagioni più calde, di *Eretmocerus eremicus*. ▶ I lanci degli insetti utili devono essere ripetuti ogni anno perché questi iperparassiti non riescono a svernare nei nostri climi. Anche i lanci (o la presenza) di *Chrysoperla carnea* ▶ contribuiscono al controllo degli aleurodidi.

▶ VEDI CAP. 8 Organismi utili

**PREPARATI VEGETALI** L'uso ripetuto di preparati repellenti a base di assenzio, aglio, lavanda e/o tanaceto ▶ riduce la presenza e la dannosità di questi parassiti.

▶ VEDI CAP. 4 Preparati vegetali

**TRATTAMENTI** In presenza di infestazioni è possibile eseguire trattamenti abbattenti con il piretro ▶ o preferibilmente con prodotti a base di *Beauveria bassiana*, ▶ che non danneggiano l'entomofauna utile.

▶ VEDI CAP. 3 Prodotti fitosanitari vegetali e minerali

▶ VEDI CAP. 7 Prodotti fitosanitari microbiologici

# ALTICA O PULCE DI TERRA

ORTAGGI ATTACCATI:
- Bietole
- Cavoli
- Rape
- Ravanello
- Rucola

**RICONOSCIMENTO** L'insetto si ciba delle foglie sulle quali si apriranno dei piccoli fori rotondi. È un coleottero lungo 10-12 mm, scuro, verde-bluastro e lucente; salta quando si avvicina la mano alla foglia. È attivo durante le ore più calde della giornata, mentre quando fa freddo o piove rimane nascosto fra la vegetazione. E' pericoloso soprattutto nelle prime fasi di sviluppo della pianta, perché può provocarne la morte o la crescita stentata.

**CURE COLTURALI** I danni si manifestano soprattutto nei periodi estivi, per cui ritardare di alcune settimane la messa a dimora può diminuire l'incidenza del danno.

**PREPARATI VEGETALI** L'uso ripetuto di macerati di assenzio e/o di pomodoro ▶ riduce la presenza e la dannosità di questi parassiti.

▶ VEDI CAP. 4
Preparati vegetali

**TRATTAMENTI** In presenza di danni consistenti sulle piantine, in fase di emergenza trattare con piretro o Spinosad ▶ nelle prime ore della giornate, quando gli insetti sono ancora poco mobili.

▶ VEDI CAP. 3
Prodotti fitosanitari vegetali e minerali

**CONSOCIAZIONI UTILI** Spinaci e insalate piantati in prossimità delle piante attaccate svolgono un'azione repellente nei confronti dell'altica.

# LUMACHE E LIMACCE

ORTAGGI ATTACCATI:

- Asparago
- Bietole
- Cavoli
- Fragola
- Lattuga
- Radicchio
- Ravanello
- Spinacio

**RICONOSCIMENTO** Le lumache prive di conchiglia, chiamate comunemente limacce (*Limax*), e le lumache provviste di guscio, chiamate comunemente chiocciole (*Helix*), costituiscono un gruppo molto eterogeneo di molluschi gasteropodi terrestri, caratterizzato da colori e dimensioni molto diversi, ma tutti con il corpo mucillaginoso e privo di zampe.

Tra questi sono poche, e appartenenti principalmente al gruppo delle limacce, le specie che minacciano seriamente le colture.

Durante la giornata questi gasteropodi si riparano negli anfratti ombreggiati e umidi del terreno e al tramonto si spostano sulle piante per tornare poi al riparo al sorgere del sole.

Sono animali polifagi che si nutrono di foglie, su cui provocano rosure, danneggiando in modo particolare le giovani piantine. Nelle condizioni ottimali (elevata umidità dell'aria e del terreno, temperature miti e bassa luminosità) il loro attacco può causare gravi danni in quanto sono in grado di consumare, ogni 24 ore, fino al 50% del loro peso.

**CURE COLTURALI** La creazione di barriere protettive impedisce alle lumache di raggiungere gli ortaggi, ma non sempre è risolutiva. L'uso di sostanze in grado di assorbire acqua, come la calce o la cenere, funziona solo quando le piogge non sono intense, quindi perde efficacia proprio quando servirebbe di più. Mentre la realizzazione di recinti zincati in lamiera alti fuori terra almeno 70 cm è spesso poco funzionale.

**TRAPPOLE** Buoni risultati si possono ottenere con la preparazione di trappole di vario tipo. Il metodo più semplice è quello di lasciare nell'aiuola assi di legno, sottovasi, sacchi o qualsiasi altro materiale in grado di dare rifugio alle limacce e poi passare a raccoglierle al mattino.

Un po' più complicata la messa in opera di trappole a base di birra. Si tratta di interrare dei bicchieri di plastica contenenti due dita di birra, in modo che i bordi dei contenitori si trovino a livello del terreno. Le lumache, attirate dall'odore, resteranno intrappolate e potranno essere facilmente rimosse. Una volta raccolte, le limacce vanno eliminate, perché se liberate nei prati vicini all'orto possono tornare a insidiare le coltivazioni.

**PREPARATI VEGETALI** L'applicazione sul terreno o sulle foglie di preparati a base di felce e/o di rabarbaro ▶ contribuisce a ridurre i danni causati da questi parassiti.

▶ VEDI CAP. 4 Preparati vegetali

**ORGANISMI UTILI** La distribuzione sul terreno di un preparato a base del nematode *Phasmarhabditis hermaphrodita* ▶ fornisce buoni risultati nel controllo di questi parassiti.

▶ VEDI CAP. 8 Organismi utili

**TRATTAMENTI** Negli appezzamenti più grandi o se si ha poco tempo per verificare quotidianamente le trappole, è possibile utilizzare prodotti a base di ortofosfato di ferro ▶ (si distribuiscono come un concime): sono molto efficaci nel controllo delle limacce e non presentano controindicazioni per l'ambiente.

▶ VEDI CAP. 3 Prodotti fitosanitari vegetali e minerali

**RACCOLTA MANUALE** Un metodo di lotta molto efficace, seppur impegnativo, consiste nella raccolta manuale di lumache e limacce quando sono ancora presenti sulle piante, quindi durante la notte (aiutandosi con una torcia) o all'alba.

# MAL BIANCO

ORTAGGI ATTACCATI:
- Cetriolo
- Lattuga
- Melone
- Radicchio
- Zucchino

**RICONOSCIMENTO** Il mal bianco o oidio è una malattia fungina che provoca chiazze bianche polverulente, colpendo prima la pagina inferiore delle foglie per poi estendersi a tutto l'apparato fogliare.

I primi attacchi si osservano in giugno, ma la maggiore diffusione della malattia si ha fra agosto e settembre. Quando l'attacco è molto forte le foglie ingialliscono e poi disseccano.

L'oidio è favorito da temperature vicine ai 26° C e da un'elevata umidità dell'aria (U.R. 70%).

L'infestazione si arresta con temperature inferiori ai 10° C e superiori ai 35° C ed è frenata dalle piogge.

**PREPARATI VEGETALI** L'uso ripetuto di macerati o decotti di equiseto, achillea millefoglie e/o tarassaco ▶ contribuisce a ridurre la presenza e la dannosità di questo parassita.

Nei periodi più caldi, l'uso di bicarbonato di sodio garantisce il controllo della malattia e riduce il rischio di scottature dovute all'impiego dello zolfo. ▶

**TRATTAMENTI** Si interviene alla comparsa dei primi sintomi con prodotti a base di zolfo, eseguendo i trattamenti nelle ore più fresche della giornata per evitare scottature alle foglie.

Nelle zone soggette agli attacchi e nei periodi più freschi è possibile utilizzare, al posto dello zolfo, il microorganismo *Ampelomyces quisqualis,* ▶ mentre nei periodi più caldi si consiglia l'uso di bicarbonato di sodio. ▶

▶ VEDI CAP. 4
**Preparati vegetali**

▶ VEDI CAP. 3
**Prodotti fitosanitari vegetali e minerali**

▶ VEDI CAP. 7
**Prodotti fitosanitari microbiologici**

▶ VEDI CAP. 5
**Rimedi naturali**

# NOTTUE

ORTAGGI ATTACCATI:
- Aglio
- Cavoli
- Fagiolo e fagiolino
- Lattuga
- Melanzana
- Patata
- Peperone
- Pomodoro
- Radicchio
- Zucchino

**RICONOSCIMENTO** Le nottue sono lepidotteri fitofagi attivi solitamente di notte, caratterizzati da estrema polifagia.
Le larve, di colore grigiastro o verde uniforme si nutrono di foglie, frutti, radici, fusti e organi di riserva sotterranei. Il regime alimentare cambia a seconda della specie di nottua e della pianta attaccata.

**TRAPPOLE** In aree soggette agli attacchi si può tentare la cattura massale impiegando trappole a feromoni. ▶ Vista la specificità della trappola, è necessario individuare correttamente la specie più dannosa.

▶ VEDI CAP. 6 Trappole

**PREPARATI VEGETALI** L'uso ripetuto di macerati o decotti repellenti, preferibilmente a base di tanaceto, ▶ contribuisce a ridurre le perdite provocate dalle nottue.

▶ VEDI CAP. 4 Preparati vegetali

**TRATTAMENTI** Al manifestarsi del problema si interviene con *Bacillus thuringiensis spp. Aizawai* ▶ ripetendo il trattamento ogni 7-10 giorni, fino a quando non si rilevano più danni.

▶ VEDI CAP. 7 Prodotti fitosanitari microbiologici

# TRIPIDI

ORTAGGI ATTACCATI:
- Cavoli
- Cipolla
- Melone
- Pomodoro

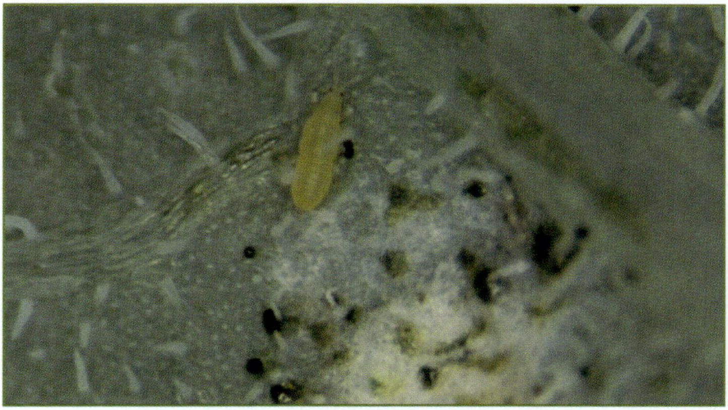

**RICONOSCIMENTO** Gli adulti di Frankliniella sono lunghi circa 1 mm e di colore variabile: in primavera-estate ocra, più o meno chiaro, con striature o punteggiature più scure; in autunno brunastro. Gli stadi giovanili sono molto chiari.

Gli adulti di Thrips tabaci sono lunghi 1-2 mm, di colore chiaro, con ali allungate, strette e finemente frangiate.

I tripidi danneggiano tutti gli organi aerei sottraendo alla pianta la linfa attraverso le punture e deponendo le uova all'interno dei tessuti delle piante. Sulle foglie e sui fiori si formano macchie argentee che tendono a divenire necrotiche. I lembi fogliari si deformano arrotolandosi e seccandosi, mentre gli organi di riproduzione dei fiori vengono danneggiati.

Le punture sui frutti determinano suberificazioni e deformazioni del frutto stesso.

Il danno da ovideposizione si manifesta con formazione di macchie suberose e deformazioni dei tessuti interessati. Inoltre, i tripidi sono vettori di virosi sul pomodoro.

I danni maggiori si verificano nelle colture protette (tunnel e serre).

TRAPPOLE In serra si possono disporre trappole cromotropiche azzurre ▶ per il monitoraggio degli insetti o per la cattura massale.

▶ VEDI CAP. 6
Trappole

PREPARATI VEGETALI L'uso ripetuto di preparati repellenti a base di assenzio, aglio, lavanda e/o tanaceto ▶ riduce la presenza e la dannosità di questi parassiti.

▶ VEDI CAP. 4
Preparati vegetali

ORGANISMI UTILI I lanci di *Orius laevigatus* e/o di *Amblyseius cucumeris* ▶ riescono a contenere efficacemente i tripidi.

▶ VEDI CAP. 8
Organismi utili

TRATTAMENTI Contro questi insetti sono attivi lo Spinosad, il piretro, l'azadiractina ▶ e la *Beauveria bassiana.* ▶ I trattamenti devono attuarsi appena iniziano le catture. ▶

▶ VEDI CAP. 3
Prodotti fitosanitari vegetali e minerali

▶ VEDI CAP. 7
Prodotti fitosanitari microbiologici

CAPITOLO 3

# Prodotti fitosanitari vegetali e minerali

# Prodotti fitosanitari vegetali e minerali

*I prodotti fitosanitari sono sostanze attive e preparati contenenti uno o più principi attivi destinati a proteggere i vegetali dagli organismi nocivi e a eliminare le piante indesiderate. Sono proprio le sostanze attive che agiscono secondo specifiche modalità e contro determinati bersagli, a determinarne l'attività.*
*Le sostanze attive sono valutate ed ammesse dalla UE mentre i preparati, cioè i formulati commerciali, devono essere registrati nei singoli Stati membri. In Italia l'autorizzazione all'immissione in commercio di un prodotto fitosanitario è rilasciata dal Ministero della Salute su richiesta di chi lo produce o lo vende.*
*La loro commercializzazione è riservata a rivenditori autorizzati, con l'eccezione dei "prodotti fitosanitari per piante ornamentali" (PPO). Ma questi prodotti, acquistabili anche nei supermercati e nei garden center, possono essere usati solo per i trattamenti antiparassitari sulle piante presenti nell'ambiente domestico.*

In ogni caso, prima di usare un fitofarmaco, bisogna leggerne accuratamente l'etichetta che, tra le altre cose, riporta:
- ▲ le modalità di uso del prodotto e le dosi a cui impiegarlo;
- ▲ l'elenco delle colture su cui l'impiego è autorizzato;
- ▲ le indicazioni di rischio e prudenza (cioè la segnalazione dell'infiammabilità o della corrosività del prodotto);
- ▲ gli effetti del prodotto sull'ambiente;
- ▲ l'intervallo di sicurezza (cioè il numero minimo di giorni che deve intercorrere fra l'impiego del prodotto e la raccolta);
- ▲ la classe di tossicità del prodotto.

Le classi di tossicità dei prodotti fitosanitari sono le seguenti:

| | |
|---|---|
| 1. T+: molto tossico; |   |
| 2. T: tossico; |   |
| 3. Xn:nocivo; |   |
| 4. Xi: irritante; |   |
| 5. - : non classificato m.c.p.; | ATTENZIONE Manipolare con prudenza |
| 6. --: non classificato. | - nessun simbolo |

L'acquisto di prodotti appartenenti alle prime tre classi è possibile solo per persone maggiorenni munite di un'apposita autorizzazione (patentino).
In agricoltura biologica possono essere utilizzate solo le sostanze attive pubblicate nell'Allegato II del Reg. CE 889/2008. I formulati che le contengono, con rarissime eccezioni, appartengono solo alle ultime tre classi di tossicità. Comunque anche in questo caso è indispensabile la lettura attenta delle etichette, perché permette di conoscere ed evitare i rischi che la loro manipolazione potrebbe comportare.
A seconda della composizione, i fitofarmaci uti-

lizzabili in agricoltura biologica possono essere distinti in prodotti microbiologici e in prodotti di origine vegetale o minerale.
Le tecniche colturali e i prodotti fitosanitari suggeriti in questo volume tendono ad una pratica dell'agricoltura pienamente rispettosa dell'ecosistema e quindi sono scelti tra quelli ammessi in agricoltura biologica. Questo non vuol dire che si tratti sempre di principi attivi privi di qualsiasi tossicità. La distribuzione di oli minerali, piretro, rame (per citarne solo alcuni) vanno comunque ad alterare l'equilibrio dell'ecosistema, possono essere dannosi anche per gli organismi utili e presentano una certa soglia di tossicità anche per l'uomo e gli animali domestici. Per tutti questi motivi, tutti i prodotti fitosanitari, anche quelli ammessi in agricoltura biologica, vanno utilizzati con la massima attenzione e solo quando sono necessari, rispettando le dosi e le precauzioni riportate nelle confezioni.
Inoltre, è bene sapere che molti dei prodotti fitosanitari presentati in questo capitolo oltre ad avere un'azione prevalente posseggono spesso anche attività secondarie: gli oli minerali impiegati per la loro azione insetticida possono agire anche come acaricidi, anticrittogamici e coadiuvanti; il rame svolge attività fungicida e battericida; lo zolfo utilizzato come fungicida possiede anche potere acarofrenante; il fosfato di ferro è un valido lumachicida, ma ha anche proprietà concimante.
Le schede che seguono permettono di conoscere meglio le proprietà e l'impiego dei vari principi attivi, ma non sostituiscono in alcun modo l'etichetta o la scheda tecnica presente nelle confezioni, anche perché ad ogni sostanza attiva possono corrispondere numerosi prodotti commerciali spesso formulati in modo differente.

## Azadiractina (*neem*)

L'Azadiractina è una sostanza estratta dai semi del neem (*Azadirachta indica*), un albero della famiglia delle Meliacee nativo dell'India e della Birmania, oggi diffuso in tutte le regioni tropicali. Tra i numerosi principi attivi di interesse fitoiatrico contenuti negli organi di questa pianta quello più attivo è l'Azadiractina, concentrata soprattutto nei semi.

**IMPIEGO** L'Azadiractina è un insetticida che agisce per ingestione contro molti insetti: afidi, aleurodidi, cicaline, cimici, metcalfa, psille, nottue, minatori fogliari, tignole, tripidi, dorifora, altica. Possiede inoltre effetti collaterali sugli acari, sui nematodi e sui funghi.
Non ha effetti abbattenti sui fitofagi e la sua azione richiede un certo periodo di tempo per manifestarsi: è meglio quindi impiegare il prodotto al momento della comparsa dei parassiti.
Il numero di trattamenti da eseguire dipende dalla biologia dell'insetto che si intende contrastare. Per esempio, contro l'afide grigio del melo spesso è sufficiente un unico intervento prefiorale, mentre contro aleurodidi e tripidi, dopo la loro comparsa, se ne rendono necessari 2-3 a distanza di una o due settimane l'uno dall'altro.
È consigliabile eseguire gli interventi nelle ore più fresche della giornata.
Può essere utilizzato in miscela con piretrine, *Bacillus thuringiensis*, saponi e virus, ma è opportuno distanziare il suo utilizzo dagli interventi con funghi entomopatogeni o dai lanci di organismi utili.

Bisogna porre attenzione nel trattare alcune varietà di pero e alcune specie ornamentali sulle quali sono stati segnalati sintomi di fitotossicità.

**MODALITÀ DI AZIONE** Azadiractina agisce principalmente come regolatore di crescita, alterando lo sviluppo degli insetti negli stadi giovanili. Una volta ingerito, il neem determina un'interferenza ormonale, che può portare alla formazione delle "larve permanenti", cioè di larve incapaci di compiere la muta a causa della distruzione della cuticola. L'Azadiractina svolge inoltre attività fago-repellente e può ridurre la fecondità degli adulti e la fertilità delle uova dei parassiti.

**DOSAGGIO** Esistono diverse formulazioni in commercio che differiscono per modalità di applicazione e dosaggi da utilizzare. È necessario quindi attenersi alle indicazioni presenti sull'etichetta.

**TOSSICITÀ** Nonostante l'ampio spettro d'azione, non è dannoso per gli insetti utili, api comprese, in quanto agisce prevalentemente per ingestione. Anche la tossicità nei confronti dei vertebrati appare trascurabile. Il principio attivo si degrada con il tempo e le alte temperature.

**NOTE** In un luogo fresco si conserva al massimo per 2 anni.
I formulati commerciali sono molto più efficaci dell'olio di neem, perché hanno un contenuto in Azadiractina molto più elevato.

**REPERIBILITÀ** Può essere acquistato presso i rivenditori specializzati in agricoltura biologica oppure online.

**EFFICACIA** Le prove sperimentali e di campo condotte in Italia e nel Nord Europa hanno confermato la capacità di Azadiractina di contrastare molti parassiti. Di particolare rilievo sono i risultati ottenuti nel controllo dell'afide grigio del melo. Si stima che ad oggi venga utilizzato su oltre 3.500 ha, in gran parte coltivati con metodo biologico, ma il suo uso si sta diffondendo anche in agricoltura integrata, perché l'efficacia della sua azione è simile a quella degli insetticidi di sintesi.

## Fosfato di ferro

Il Fosfato ferrico o ortofosfato di ferro è un composto presente nel suolo sotto forma di numerosi minerali. Non è volatile ed è poco solubile in acqua, ciò diminuisce il rischio di percolazione nel terreno e di inquinamento delle falde acquifere sotterranee. È impiegato come additivo nel settore alimentare e come fertilizzante in campo agricolo.

**IMPIEGO** Ha una buona efficacia molluschicida nei confronti delle principali specie di chiocciole e limacce.
Il formulato commerciale si distribuisce a spaglio sul terreno nei periodi in cui è elevato il rischio di danni da limacce. Il trattamento può essere effet-

tuato anche dopo aver rilevato la presenza dei parassiti. In quest'ultimo caso si ottiene una maggiore efficacia distribuendolo prima che la vegetazione abbia coperto il terreno.
I formulati commerciali sono costituiti da granuli mescolati a un attrattivo specifico. La bassa solubilità del prodotto permette di mantenerlo attivo nel suolo per circa due settimane. Ciononostante, dopo piogge molto abbondanti è consigliabile ripetere il trattamento. È preferibile effettuare gli interventi all'imbrunire, perché le limacce e le chiocciole si nutrono durante la notte. Fornisce eccellenti risultati anche in condizioni di elevata umidità.

**MODALITÀ D'AZIONE** Il fosfato di ferro agisce per ingestione, ma il suo meccanismo d'azione non è completamente conosciuto. L'attività alimentare dei molluschi che se ne nutrono viene inibita, e la morte sopraggiunge in 3-6 giorni. Generalmente dopo il suo impiego non sono visibili individui deceduti nei pressi delle piante, in quanto le chiocciole e le limacce riescono ad allontanarsi dall'area trattata. Gli effetti del trattamento si manifestano solo come riduzione dei danni alle colture.

**DOSAGGIO** Le dosi variano con il formulato commerciale e con il livello di infestazione, pertanto è necessario controllare l'etichetta.

**TOSSICITÀ** Nessuna tossicità è stata riscontrata su mammiferi, uccelli e pesci. Alle dosi di impiego non è tossico nei confronti di lombrichi, api, coleotteri terricoli e altri organismi utili.

**REPERIBILITÀ** I formulati commerciali sono reperibili presso tutti i rivenditori di mezzi tecnici per l'agricoltura.

**EFFICACIA** Diverse sperimentazioni condotte in Italia hanno evidenziato un'efficacia e una persistenza d'azione paragonabile a quella fornita dalla sostanza attiva di sintesi di riferimento, la metaldeide.

## Olio essenziale di menta

L'olio di menta si ricava per distillazione in corrente di vapore dalle foglie e dalle sommità fiorite di *Mentha spicata*, il cui componente principale è il L-carvone.

**IMPIEGO** Si utilizza come antigermogliante sulla patata. La nebulizzazione o la polverizzazione del prodotto mantiene il tubero indenne da germogli per circa 4 settimane. Consente di mantenere le temperature di stoccaggio comprese tra 8 e 10° C, riducendo il rischio di sviluppo di acrilamide nelle patate.

**MODALITÀ D'AZIONE** Agisce per contatto, disseccando i germogli esistenti e impedendo il germogliamento per 4 settimane.

**DOSAGGIO** La prima applicazione deve avvenire nei primi 15 giorni dopo la raccolta, impiegando 3 kg di formulato commerciale per ogni tonnellata di patate da conservare (3 g/kg). Si interviene poi ogni

4 settimane (o comunque all'occorrenza) impiegando una dose dimezzata rispetto a quella del primo intervento.

**NOTE** Il prodotto, mantenuto sigillato nel suo imballaggio originale, si conserva per un anno dalla data di fabbricazione.

**REPERIBILITÀ** Si può acquistare presso i rivenditori specializzati in biologico ben forniti oppure online.

**EFFICACIA** Il prodotto ha mostrato un'efficacia antigermogliante simile a quella dei prodotti di sintesi di riferimento.

## Oli minerali

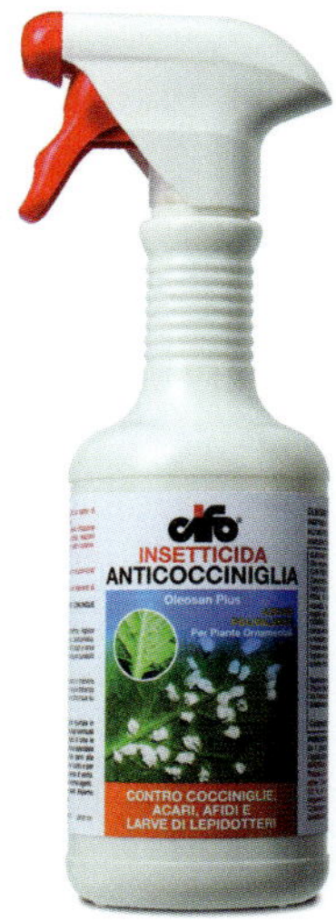


Gli oli minerali derivano dalla distillazione frazionata del petrolio greggio. Sono delle miscele di idrocarburi alifatici (paraffine) e aromatici. In generale, i composti aromatici sono fitotossici oppure non hanno azione insetticida, perciò nella composizione dei formulati commerciali devono prevalere le paraffine. Per ottenere questo risultato gli oli vengono raffinati saturandone i doppi legami con acido solforico (solfonazione). Il grado di raffinazione di un formulato è indicato dal residuo insolfonabile (UR, unsulfonatable residue). Questo valore deve superare il 92%. Gli oli ben raffinati sono di colore bianco e hanno bassa viscosità e media densità. Con l'aumentare del valore UR diminuisce la fitotossicità dell'olio.

**IMPIEGO** Gli oli paraffinici sono utilizzati come insetticidi sin dalla fine dell'800. All'azione insetticida associano proprietà secondarie acaricide, fungicide e diserbanti. Agiscono soprattutto su insetti di piccole dimensioni e vengono impiegati principalmente contro afidi, cimici, tingidi, cocciniglie, psille, alcuni coleotteri come l'altica e il cleono. Sono attivi anche contro le uova di afidi, acari, ditteri, lepidotteri ecc.
In orticoltura si usano solo gli oli primaverili-estivi, più raffinati e meno fitotossici, purché le piante non siano in condizioni di stress e la temperatura non superi i 32° C.
Il prodotto va distribuito uniformemente sulla vegetazione asciutta, per permettere alla poltiglia di asciugarsi rapidamente sulla pianta.
È quindi preferibile non effettuare a distanza ravvicinata più di due interventi con questi prodotti nella stagione primaverile-estiva, in modo da evitare lo sviluppo di acari parassiti causato dall'eliminazione di quelli predatori.
Alcuni formulati sono tossici per le api e gli insetti utili. Questa caratteristica è segnalata in etichetta e richiede ulteriori precauzioni da parte dell'utilizzatore. La fitotossicità degli oli minerali cambia con le proprietà specifiche del formulato, della pianta, della varietà, della fase fenologica della coltura e dell'epoca di applicazione. Il rischio aumenta con temperature elevate e alta umidità relativa.

Gli oli minerali non possono essere mescolati con prodotti a base di zolfo e polisolfuri e con antiparassitari a reazione alcalina (per esempio la poltiglia bordolese).
Gli interventi invernali devono essere distanziati di almeno 15 giorni da trattamenti a base di zolfo.

MODALITÀ D'AZIONE L'azione insetticida è determinata dall'occlusione degli spiracoli tracheali degli insetti con conseguente morte per asfissia.
Gli oli agiscono quindi soprattutto per contatto, ma presentano anche un'attività repellente, poiché inibiscono l'alimentazione e la ovideposizione di alcuni fitofagi.
L'azione ovicida si manifesta impedendo gli scambi gassosi dell'uovo con l'esterno, ma gli oli minerali possono anche causare la coagulazione del protoplasma dell'uovo e interferire in alcuni processi fisiologici dell'embrione.

DOSAGGIO Il dosaggio cambia con il formulato utilizzato, il periodo di intervento e la coltura trattata. È necessario quindi fare riferimento all'etichetta.

TOSSICITÀ Gli oli minerali hanno una bassa tossicità nei confronti dei mammiferi, ma possono essere letali per alcuni artropodi utili presenti sulla pianta al momento del trattamento.
La fitotossicità è una conseguenza della capacità degli oli di penetrare per capillarità all'interno dei tessuti vegetali. Questa caratteristica li rende degli ottimi sinergizzanti-coadiuvanti di altri antiparassitari, perché ne migliora la veicolazione all'interno della vegetazione e ne aumenta la persistenza.

REPERIBILITÀ I formulati commerciali sono reperibili presso la maggior parte dei rivenditori di mezzi tecnici per l'agricoltura.

EFFICACIA La lunga esperienza nell'impiego degli oli minerali garantisce sulla loro efficacia, in particolare per i trattamenti invernali.

## Piretrine

Il piretro è un insetticida di origine vegetale ottenuto dai fiori del *Chrysanthemum cinerariaefolium*, attualmente coltivato soprattutto nelle regioni montuose del Kenia e della Tanzania, ma anche in Ecuador e in Nuova Guinea. I capolini del fiore contengono una miscela di principi attivi (piretrina I e II, cinerina I e II, jasmolina I e II) tutti con azione insetticida. Fra questi, è la piretrina I ad essere la più efficace. Conosciuto probabilmente sin dall'antichità, è caratterizzato dall'effetto rapido, dalla bassa tossicità e dalla persistenza limitata. I formulati commerciali contengono quasi sempre sostanze ad attività sinergizzante e stabilizzante per evitare la rapida degradazione delle piretrine causata dall'esposizione all'aria e alla luce.

IMPIEGO Si impiega come insetticida contro molte specie di afidi, psille, tingidi, pentatomidi (cimici delle colture), cicaline, adulti di aleurodidi e altica, larve di lepidotteri come la cavolaia e le piralidi ecc.
Non è efficace contro gli acari parassiti, gli insetti terricoli come le larve di elateridi, contro gli insetti che si sviluppano all'interno dei frutti o dei fusti e contro gli adulti di dorifora.

Nel passato, l'uso indiscriminato del piretro e dei piretroidi[1] ha selezionato diffuse popolazioni di *Aphis gossypii* (l'afide delle Cucurbitacee) resistenti a questa sostanza.
Agisce per contatto, quindi per essere efficace è importante ottenere una buona bagnatura della vegetazione. Per questo stesso motivo non è efficace se impiegato contro insetti protetti anche solo dall'accartocciamento delle foglie.
I trattamenti eseguiti nelle ore serali e/o nelle giornate con scarsa luminosità ottengono i risultati migliori, perché queste condizioni ritardano la degradazione del prodotto. L'impiego del piretro è consigliato per il contenimento di un attacco dei fitofagi non bilanciato da un'adeguata densità di ausiliari, perché non ne pregiudica il successivo insediamento, tanto che possono essere effettuati lanci di insetti utili, senza alcun rischio, a distanza di 24-36 ore dal trattamento. Tuttavia, l'esecuzione di 3-4 trattamenti consecutivi è da evitare perché i danni arrecati alla fauna utile possono essere tali da favorire lo sviluppo di altri parassiti (per esempio il ragnetto rosso e il ragnetto giallo).
Il piretro non va miscelato con sostanze a reazione alcalina come la poltiglia bordolese e il polisolfuro di calcio. Sono invece frequenti, soprattutto quando il prodotto commerciale non contiene sinergizzanti, le miscele con oli minerali o saponi mirate ad aumentare la persistenza dell'azione insetticida.

**MODALITÀ D'AZIONE** Il piretro ha un'azione neurotossica. Interferisce con il sistema nervoso centrale degli insetti impedendo agli stessi di muoversi pochi minuti dopo l'esposizione. A volte, però, per la rapida metabolizzazione delle piretrine, questo effetto non è sufficiente a causare la morte dell'insetto. La presenza nella miscela di *piperonil butossido* (PBO) o di oli vegetali ritarda la degradazione metabolica migliorando l'effetto insetticida dell'intervento. L'uso del PBO in agricoltura biologica è controverso: il Regolamento CE lo autorizza, ma gli standard IFOAM, quelli di alcune organizzazioni private e quelli di USA, Giappone e Svizzera lo vietano. Pertanto i formulati contenenti PBO non possono essere utilizzati quando si intende esportare in questi Paesi o quando si intende commercializzare con ulteriori certificazioni private (per esempio Bioland) i propri prodotti.

**DOSAGGIO** Il dosaggio cambia con il formulato utilizzato, il periodo di intervento e la coltura trattata. È necessario quindi fare riferimento all'etichetta.

**TOSSICITÀ** La sostanza attiva è tossica anche nei confronti degli insetti utili ed è molto tossica per gli acari fitoseidi. Invece, la tossicità verso i vertebrati è trascurabile. In Italia sono registrati numerosi formulati commerciali caratterizzati anche da un diverso contenuto di piretrine, generalmente compreso tra il 2 e il 4%.

**REPERIBILITÀ** I formulati commerciali sono reperibili presso la maggior parte di rivenditori di mezzi tecnici per l'agricoltura. È bene preferire quelli che appartengono alla classe tossicologica "non classificato" (Nc) e quelli che con-

1. Sono sostanze di sintesi chimica simili al piretro, caratterizzate da una maggiore persistenza e da una maggiore tossicità.

tengono come sinergizzanti oli vegetali o minerali.
È importante non confondere il piretro con i piretroidi: questi ultimi sono caratterizzati da una lunghissima persistenza (anche oltre 90 giorni) e da una più elevata tossicità verso i vertebrati, quindi anche verso l'uomo.

EFFICACIA Numerosissime prove sperimentali ed esperienze di campo confermano l'efficacia del piretro come insetticida.

## Rame

Il rame, il cui effetto anticrittogamico fu accertato nel 1882, conserva ancora oggi un ruolo importante per la difesa delle piante, in particolare in agricoltura biologica. I composti a base di rame utilizzati sono l'idrossido, gli ossicloruri, l'ossido, il solfato tribasico e la poltiglia bordolese.

▲ L'**idrossido di rame** ha un contenuto di rame metallo pari al 50%. Si caratterizza per la rapida liberazione degli ioni rameici e la conseguente buona prontezza d'azione.

▲ Gli **ossicloruri di rame** sono due: l'ossicloruro tetraramico e l'ossicloruro di rame e calcio. Il primo contiene dal 16 al 50% di rame metallo e sembra assicurare un'azione più pronta, il secondo contiene dal 24 al 56% di rame metallo e sembra avere un'efficacia e una persistenza maggiore rispetto al tetraramico. Gli ossicloruri sono i composti rameici che ottengono i migliori risultati contro le batteriosi.

▲ L'**ossido rameoso** contiene il 75% di rame metallo. È dotato di buona adesività e persistenza sulla vegetazione trattata, ma è più fitotossico rispetto agli altri composti rameici.

▲ Il **solfato tribasico** di rame ha un titolo in rame metallo del 25,5%. È altamente solubile in acqua e presenta una scarsa aderenza sulla vegetazione e un'elevata fitotossicità.

▲ La **poltiglia bordolese** si ottiene neutralizzando il solfato di rame con la calce. È un composto insolubile che rimane in sospensione nell'acqua. L'attività della poltiglia bordolese dipende dai rapporti tra solfato di rame e calce: se il composto è acido, il prodotto ha un'azione pronta ma poco persistente, mentre se è alcalino è più persistente, ma meno efficace.

Il rame distribuito sulla superficie vegetale non subisce alcuna degradazione. I residui sulla pianta si riducono solo grazie all'azione dilavante della pioggia, che veicola gli ioni rameici fino al suolo, dove si legano ad argille e sostanze organiche formando composti insolubili. Si assiste così ad un accumulo di rame nel terreno, soprattutto nei suoli acidi, che ha effetti negativi sulla riproduzione dei lombrichi, deprime l'attività dei microorganismi del terreno e induce una sensibile riduzione del processo di umificazione. Per questi motivi l'impiego del rame in agricoltura biologica è consentito solo nel limite di 6 kg di rame metallo per ettaro e all'anno.

**IMPIEGO** I composti a base di rame sono impiegati nella lotta preventiva contro una vasta gamma di organismi fungini: i vari tipi di peronospora, la ticchiolatura delle Pomacee, la maculatura del pero, il corineo, la bolla del pesco, l'occhio del pavone dell'olivo, la cercosporiosi, la septoriosi, le ruggini ecc. Si impiega anche contro i batteri fitopatogeni per la sua attività batteriostatica.

I trattamenti si eseguono prima dell'evento infettivo (solitamente prima della pioggia o di una prolungata bagnatura fogliare) e curando bene la distribuzione, perché il rame agisce per contatto e in modo preventivo.

Il numero di interventi e la durata dell'intervallo tra l'uno e l'altro dipende da molteplici fattori: il tipo di patogeno, la fase fenologica della pianta trattata, le condizioni climatiche, il formulato e il dosaggio utilizzati. È indispensabile, quindi, valutare di volta in volta il modo di procedere, tenendo conto che 25-30 mm di pioggia dilavano interamente il prodotto dalla vegetazione.

È meglio evitare le miscele con polisolfuri, con preparati a base di *Bacillus thuringiensis*, a base di virus della granulosi della carpocapsa e con prodotti a reazione acida; in alcune etichette è segnalata anche la non compatibilità con gli oli minerali e con i fertilizzanti fogliari contenenti acidi umici e/o elevati tenori di azoto. Seguire le indicazioni riportate in etichetta consente di evitare errori e problemi.

Il rame è tossico per il polline, quindi non deve essere impiegato durante la fioritura delle frutticole.

Per ridurre il rischio di fitotossicità i trattamenti devono essere eseguiti nelle ore più fresche della giornata.

Se non si conosce la sensibilità al rame di una pianta (anche ornamentale) è consigliabile non impiegare il prodotto prima di aver compiuto dei piccoli saggi.

**MODALITÀ D'AZIONE** L'attività anticrittogamica dei composti rameici è dovuta alla liberazione degli ioni di rame che, interagendo con le spore dei patogeni, determinano una serie di effetti tossici che ne impediscono la germinazione.

Questa attività multi-sito colpisce diversi punti vitali del patogeno rendendo difficile l'instaurarsi di fenomeni di resistenza.

L'azione del rame è soprattutto preventiva: il prodotto deve trovarsi già sulla pianta quando si determinano le condizioni per la germinazione delle spore, per poter entrare in contatto con esse.

**DOSAGGIO** In commercio si trovano oltre 100 formulazioni a base di composti di rame. Inoltre, il rame viene impiegato per il controllo di numerose patologie in diverse fasi fenologiche della pianta. Per stabilire le dosi da utilizzare è indispensabile, quindi, fare riferimento all'etichetta e rispettarne in modo scrupoloso le indicazioni.

**TOSSICITÀ** Il rame è molto tossico per gli organismi acquatici mentre il rischio per gli insetti utili è considerato basso. Risulta essere poco dannoso anche per i mammiferi.

**NOTE** Le sperimentazioni condotte per riuscire a ridurre le dosi di rame impiegato hanno mostrato che anche alcuni fertilizzanti a base di gluconato di rame (un sale organico del rame) hanno una buona efficacia anticrittogamica. Anche se il loro meccanismo di azione non è ben chiaro, questi prodotti presentano due vantaggi: consentono di ridurre notevolmente la quantità di rame impiegata per unità di superficie e non hanno tempi di carenza, cioè le colture trattate possono essere raccolte anche il giorno successivo al trattamento.

**REPERIBILITÀ** I prodotti a base di rame si reperiscono con facilità presso tutti i rivenditori specializzati in agricoltura.

**EFFICACIA** L'attività anticrittogamica del rame è conclamata da decenni, confermata dalle esperienze degli agricoltori e da numerosissime attività sperimentali.

## Spinosad

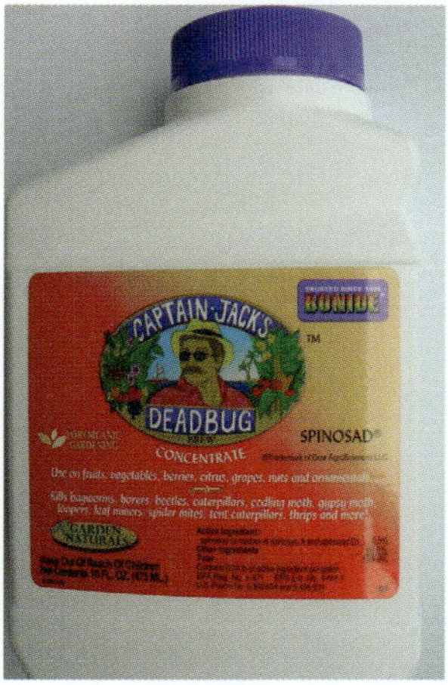


Lo Spinosad deriva del processo di fermentazione di un microorganismo (*Saccharopolyspora spinosa*): per questo motivo è utilizzabile in agricoltura biologica.
La sua produzione prevede la preparazione di un substrato contenente acqua, zuccheri, estratti lievitanti, bicarbonato di sodio, farine, vitamine, minerali e oli vegetali, inoculato con il microorganismo. Dalla fermentazione di questo brodo di coltura si ottengono numerosi metaboliti; quelli dotati di attività insetticida sono una trentina e sono stati chiamati "spinosine". Spinosyn A e spinosyn D sono le sostanze più attive e sono utilizzate per ottenere la miscela insetticida (da qui il nome del prodotto spinos A-D).

**IMPIEGO** Agisce soprattutto per ingestione, pertanto deve essere applicato con cura sulla vegetazione. L'effetto si ottiene rapidamente e non è influenzato dalla temperatura e dai raggi ultravioletti. La persistenza è di 8-10 giorni, ma la sua efficacia può essere diminuita dalla pioggia in base alla quantità e all'intensità della precipitazione, al tempo trascorso tra il suo inizio e l'applicazione, oltre che dipendere dal tipo di coltura e dalla sensibilità al prodotto del parassita da controllare.
Anche se Spinosad ha dimostrato di essere miscibile con i più comuni antiparassitari, è preferibile impiegarlo da solo, così come indicato in etichetta.

**MODALITÀ D'AZIONE** L'azione insetticida di Spinosad si esplica sia per contatto che per ingestione, tuttavia la seconda modalità è almeno 5-10 volte superiore alla prima ed è quindi prevalente.
Essa interferisce con la trasmissione degli impulsi nervosi: i neuroni diventano iperattivi e aumenta l'attività motoria fino alla contrazione dei muscoli involontari, provocando tremore e paralisi nel parassita bersaglio. Gli insetti cessano di nutrirsi appena avvertono questi sintomi (effetto anti-feeding).

**DOSAGGIO** I formulati attualmente in commercio sono 8 e presentano composizioni molto diverse. Per il dosaggio è necessario quindi riferirsi all'etichetta, tanto più che la quantità da applicare può cambiare al variare dell'insetto bersaglio. Su alcuni parassiti è possibile eseguire solo un numero limitato di trattamenti all'anno. Anche in questo caso è indispensabile fare riferimento all'etichetta.

**TOSSICITÀ** Spinosad ha una bassa tossicità verso i vertebrati, mentre è dannoso per api e altri imenotteri impollinatori. È necessario, pertanto, evitare i trattamenti sui fruttiferi durante la fioritura ed eseguire le irrorazioni nelle ore serali, quando l'attività dei pronubi è minore.
Il suo effetto sugli insetti utili come coccinelle, crisope ecc. è limitato.

**NOTE** Gli studi hanno dimostrato che i formulati a base di Spinosad sono stabili nel tempo e non richiedono particolari accorgimenti per l'immagazzinamento e lo stoccaggio.

**REPERIBILITÀ** I preparati commerciali si possono trovare presso i rivenditori di mezzi tecnici specializzati in agricoltura biologica. In alcune zone dove l'impiego dei prodotti a base di Spinosad è diffuso per il controllo delle mosche, si possono trovare anche presso i rivenditori non specializzati.

**EFFICACIA** L'efficacia dello Spinosad è stata collaudata da numerose attività sperimentali condotte anche in Italia. Gli interventi contro le cydie sono stati sperimentati per esempio in Emilia Romagna, mentre l'efficacia di Spinosad contro i ditteri è stata verificata in Toscana, Lazio ed Emilia Romagna.

## Zolfo

Lo zolfo è utilizzato come anticrittogamico fin dalla metà del 1800 in viticoltura, e successivamente in frutticoltura, per combattere il mal bianco (oidio), ma è attivo anche contro altre avversità.
Ancora oggi, per la sua polivalenza di azione, il ridotto impatto ambientale e il basso costo, è un prodotto estremamente importante in agricoltura, non solo in quella biologica. I prodotti a base di zolfo si distinguono per il metodo di impiego, se sono cioè adatti a trattamenti in polvere o a trattamenti liquidi, e per le dimensioni delle particelle, perché ad un maggiore grado di finezza corrisponde una capacità di agire a temperature più basse.
Esistono, inoltre, prodotti in cui lo zolfo è mescolato a composti proteici (proteinato di zolfo).

**IMPIEGO** Lo zolfo è particolarmente attivo contro i funghi che provocano il mal bianco (oidio) delle piante da frutto, della vite, delle colture orticole, delle piante ornamentali e floreali ecc.
È attivo anche contro la monilia e la botrite. Esplica, inoltre, un'azione acarofrenante soprattutto verso gli eriofidi, provocandone la disidratazione.
Si utilizza alla comparsa dei primi sintomi della malattia, ma nelle situazioni ad alto rischio può essere opportuno intervenire preventivamente.
Il numero di trattamenti e il loro dosaggio dipendono dall'andamento cli-

matico e dalla pressione della malattia. Le dosi più alte si impiegano in caso di forte pressione della malattia oppure a scopo curativo.
Gli zolfi per trattamenti liquidi, composti da particelle più fini, sono più efficaci dei corrispondenti polverulenti, che vengono utilizzati con dosaggi più elevati.
A temperature superiori a 30-32° C, lo zolfo può diventare fitotossico, provocando ustioni su foglie e frutti. In estate, quindi, si devono evitare i trattamenti nelle ore più calde della giornata.
Non può essere miscelato con antiparassitari a reazione alcalina (polisolfuri, poltiglia bordolese ecc.) e con antiparassitari microbiologici fungini (*Ampelomyces quisqualis* ecc.).
I trattamenti con zolfo devono essere distanziati 21 giorni da quelli con oli minerali, riducibili a 15 in caso di impiego di oli ultrafini in estate.
Tutti i formulati a base di zolfo hanno un tempo di carenza di 5 giorni, cioè bisogna attendere 5 giorni dopo il trattamento per raccogliere le produzioni.

**MODALITÀ D'AZIONE** Agisce allo stato di vapore. Quando entra in contatto con il micelio e con le spore del parassita, essendo liposolubile, penetra nella cellula fungina, rompe la membrana cellulare e provoca la fuoriuscita dell'acqua, causando la morte del fungo. Interferisce inoltre nella catena respiratoria sostituendosi all'ossigeno e impedendo la formazione di ATP.
L'attività anticrittogamica dello zolfo dipende dalla sua capacità di sublimare[2], aumenta quindi al crescere della temperatura e al diminuire dell'umidità relativa e della finezza delle particelle.
L'azione fungicida inizia quando la temperatura raggiunge almeno 10° C con gli zolfi più fini, i 18-20° C per quelli più grossolani, e aumenta progressivamente sino a 40° C.

**DOSAGGIO** In commercio, i prodotti a base di zolfo sono numerosissimi. I dosaggi dipendono dalle modalità e dai tempi di applicazione, dalla pressione della malattia, dall'andamento climatico ecc.
È importante quindi fare riferimento alle indicazioni dell'etichetta.

**TOSSICITÀ** Lo zolfo è tossico per alcuni insetti utili, come gli imenotteri parassiti del genere *Trichogramma* e moderatamente tossico per i miridi e gli antocoridi. Inoltre, la sua azione acarofrenante rallenta anche l'attività degli acari predatori (*Fitoseidi, Amblyseius* spp.).
È importante che nelle etichette dei formulati commerciali sia indicata l'assenza del selenio, un metallo molto fine ed affine allo zolfo tossico per l'uomo e gli animali.

**REPERIBILITÀ** I prodotti a base di zolfo si trovano in tutte le rivendite di mezzi tecnici per l'agricoltura.

**EFFICACIA** La sua attività anticrittogamica contro gli oidi è conclamata da decenni, confermata dalle esperienze degli agricoltori e da numerosissime attività sperimentali.

2. La sublimazione è il passaggio di una sostanza dallo stato solido a quello gassoso.

## Riepilogo degli usi più frequenti

NEL GIARDINO O SUL BALCONE

*Piretrine* per il controllo degli afidi
*Zolfo* contro il mal bianco, in particolare sulle rose, ma anche di altre ornamentali
*Rame* contro le ruggini che colpiscono le piante ornamentali

NELL'ORTO

*Piretrine* per il controllo degli afidi
*Zolfo* per il controllo dell'oidio sulle Cucurbitacee
*Rame* per il controllo di molte patologie fungine su diversi ortaggi
*Fosfato di ferro* contro le limacce
*Azadiractina* per il controllo della dorifora su patata e melanzana
*Oli minerali* superfini per veicolare altri antiparassitari

CAPITOLO 4

# Preparati vegetali e consociazioni

CAPITOLO 4

# Preparati vegetali

*Macerati, decotti e infusi a base di erbe rappresentano un sistema di protezione delle piante tradizionalmente utilizzato in agricoltura biologica. Si impiegano soprattutto per stimolare le difese naturali delle piante e per il loro effetto repellente o fagodeterrente.*
*L'azione svolta dai fitopreparati dipende dal contenuto in principi attivi del preparato e questo a sua volta può cambiare in funzione di molte variabili: la varietà della pianta utilizzata, le caratteristiche del terreno in cui è cresciuta, le condizioni climatiche in cui si è sviluppata, il momento in cui è stata raccolta, il modo in cui i principi attivi sono stati estratti (cioè come è avvenuta la preparazione), la durata della estrazione...*
*In queste condizioni il controllo del tenore dei principi attivi in un macerato di ortica o in un decotto d'aglio è praticamente impossibile, tanto più quando ci si trova di fronte a preparazioni casalinghe. Ed è altrettanto impossibile, per le variabili indicate prima, definire una ricetta che offra assicurazioni al riguardo. Per questi motivi le conoscenze sui loro effetti derivano principalmente dalle esperienze degli utilizzatori.*

## La ricerca scientifica nel campo dei fitopreparati

Le osservazioni condotte sui trattamenti eseguiti con i fitoterapici ne dimostrano l'efficacia come stimolanti dei meccanismi di autodifesa delle piante. Inoltre alcune preparazioni erboristiche hanno dimostrato di agire come repellenti o fagodeterrenti[1] nei confronti di molti parassiti. La loro attività sembra essere determinata dai minerali e da alcune molecole presenti nelle piante utilizzate per la preparazione dei macerati.
Per questo alcune di queste sostanze sono state poste sotto osservazione da parte della ricerca scientifica per verificarne gli effetti. Tuttavia l'oggettiva difficoltà a ottenere risultati riproducibili (e quindi scientificamente probanti) limita le attività di ricerca e sperimentazione in questo campo e le orienta verso la caratterizzazione dei principi attivi che hanno un ruolo primario nell'azione insetticida, fungicida, battericida o erbicida. I motivi di questa scelta sono da ricercarsi anche nell'interesse commerciale che destano le molecole attive di origine naturale. Infatti solo dalle molecole isolate si possono ottenere prodotti registrabili e commerciabili.

1 Le sostanze fagodeterrenti sono quelle che fanno perdere l'appetito o lo stimolo a nutrirsi.

Il neem e il piretro sono rappresentativi in questo senso. Questi prodotti sono commercializzati come fitosanitari e sono di origine vegetale, ma non contengono più il fitocomplesso, essendo stati ottenuti con metodiche di estrazione e di preparazione utili ad assicurare un'elevata concentrazione dei principi attivi, rispettivamente l'azadiractina e le piretrine naturali.
Fra i fitofarmaci[2] di origine vegetale si contano anche l'olio di menta, distribuito come antigerminativo per le patate, l'olio di chiodi di garofano, distribuito come fungicida in post-raccolta su mele e pere, e l'olio di malaleuca, per ora autorizzato solo all'estero come fungicida contro oidio e botrite. Alcuni studi hanno dimostrato che i primi due prodotti sono efficaci anche nella concia delle sementi. Le prove condotte hanno verificato la diminuzione del numero di semi infetti, la riduzione della severità dei sintomi che si manifestano sulle piante e il miglioramento dell'emergenza delle sementi in campo.
Altri saggi di prova hanno accertato buoni risultati sulla conservazione post-raccolta di Pomacee e Drupacee con trattamenti a base di olio essenziale di timo e di olio essenziale di santoreggia, ma lo sviluppo di prodotti commerciali è ancora nella fase iniziale.

2 I fitofarmaci sono i prodotti il cui uso è autorizzato in agricoltura (e in agricoltura biologica).

## Preparazione casalinga dei fitoterapici

I fitoterapici si impiegano sempre in forma acquosa eseguendo il trattamento con un atomizzatore o, più raramente, aggiungendo l'estratto all'acqua di irrigazione. L'estratto è ottenuto macerando le erbe in acqua oppure preparando un infuso o un decotto.

La macerazione consiste nel lasciare le erbe immerse nell'acqua a temperatura ambiente per un periodo variabile da alcune ore ad alcune settimane. In questo modo si estraggono tutti i sali minerali e i principi attivi contenuti nella pianta, anche quelli termolabili e molto volatili. Per il contenuto in sali minerali i macerati si avvicinano ai prodotti fertilizzanti, tanto che in agricoltura biodinamica spesso sono utilizzati insieme all'acqua di irrigazione per consentirne l'assorbimento per via radicale. La macerazione, anche se richiede tempi relativamente lunghi, è un procedimento semplice da eseguire e richiede poco lavoro. Per questo motivo gli agricoltori professionisti la preferiscono rispetto agli altri metodi di preparazione.

Gli infusi si ottengono versando acqua bollente sopra a una determinata quantità di erbe e lasciando riposare il tutto per il tempo prescritto. Si utilizzano per estrarre rapidamente i principi attivi contenuti in foglie, fiori e steli.

I decotti si preparano aggiungendo le erbe all'acqua fredda, portando il tutto a ebollizione e lasciando poi sobbollire a fuoco lento per un tempo variabile da qualche minuto a qualche ora. Sono particolarmente adatti per estrarre i principi attivi da radici, legno e cortecce.

Infusi e decotti evitano l'emissione di odori sgradevoli determinati dal processo di macerazione. Per questo sono da preferire negli ambienti domestici: il giardino, l'orto e il balcone.

Il principale svantaggio è l'impossibilità di conservarli: vanno impiegati subito dopo la loro preparazione perché sono soggetti a rapide alterazioni.

In tutti i casi è necessario filtrare la soluzione acquosa ottenuta, per evitare che i residui vegetali possano otturare gli ugelli degli strumenti utilizzati per irrorare il prodotto sulle piante.

Le erbe usate nella protezione delle piante coltivate sono piuttosto numerose. Quelle segnalate in letteratura sono raccolte nella tabella 1.

Altre piante sono state impiegate come fitopreparati per la cura dei vegetali: la spirea, il sambuco, la salvia, l'edera, la bardana, l'iperico, l'eucalipto ecc. Scoprire la forza guaritrice contenuta in ognuna di esse è un obiettivo per i coltivatori, in particolare per quelli che lavorano con il metodo biodinamico.

# Tabella1 - Proprietà e utilizzo dei preparati vegetali

| Pianta | Parti utili | Proprietà | Note |
|---|---|---|---|
| Achillea millefoglie | Sommità fiorite | Previene l'oidio nella vite e sui fruttiferi, agisce contro septoria del pomodoro, ha azione rinfrescante. | Consente di diminuire le dosi di zolfo nei trattamenti contro l'oidio. |
| Aglio | Bulbi | Repellente contro gli insetti, antibatterico, leggera azione anticrittogamica. | Più efficace a temperature non elevate. |
| Assenzio | Pianta intera | Repellente contro afidi, formiche, acari, mosca del cavolo, mosca della carota, cavolaia, carpocapsa, piralide del mais, altica. | |
| Cipolla | Bulbi | Rinforzante contro le malattie crittogamiche, repellente per insetti (in particolare mosca della carota.) | |
| Camomilla | Fiori | Rinforza le piante e disinfetta i semi. | |
| Consolida maggiore | Foglie e fusti | Fertilizzante e rinforzante, antistress dopo le grandinate o grandi sbalzi termici. | Ha un alto contenuto di sali di azoto, ferro, potassio, silice, zinco, manganese e boro. Può essere aggiunto al compost. |
| Equiseto | Foglie e fusti | Anticrittogamico di media attività, utilizzato in via preventiva come rinforzante contro peronospore, ruggini, monilia e altre crittogame. | Da applicare preferibilmente al mattino e in prossimità della Luna piena. Da non confondere con Equisetum pratense. |
| Erba cipollina | Foglie | Repellente per la mosca della carota. | |
| Erba medica | Foglie | Fertilizzante contenente boro. | |
| Felci (*Dryopteris filix-max* e *Pterilium aquilium*) | Foglie | Contro limacce, afide lanigero, cocciniglie e afidi; repellente contro le talpe. | |
| Lavanda | Fiori e foglie | Repellente contro insetti. | |
| Quassio | Legno | Insetticida contro afidi e tentredini, innocuo per le api. | Pianta tropicale che deve essere acquistata. |
| Ortica | Pianta intera | Fertilizzante, regolazione e stimolo della crescita vegetale. | Consente di ridurre le dosi di rame e zolfo in viticoltura. Con una macerazione breve si può usare contro gli afidi. |
| Pomodoro | Foglie e fusti (di solito provenienti dalla sfemminellatura) | Repellente per cavolaia e altica, preventivo contro crittogame del pomodoro. | Il macerato va utilizzato appena pronto, perché non si conserva. |
| Rabarbaro | Foglie | Previene la peronospora della patata, repellente per pidocchi, cocciniglie e limacce. | |
| Tanaceto | Fiori, foglie e fusti | Repellente contro piralide del mais e nottue, formiche, cavolaia, carpocapsa. | |
| Tarassaco | Pianta intera | Aumenta la resistenza contro le malattie fungine. | Complemento alle normali strategie di difesa con antiparassitari. |
| Valeriana officinale | Pianta intera | Stimola la formazione di fiori e frutti, protegge dalle gelate. | |

## I fitoterapici più utilizzati

Hobbisti e agricoltori professionisti impiegano più frequentemente alcuni preparati. I motivi di questa scelta non sono legati solo alla constatazione di una maggiore efficacia dei trattamenti eseguiti, ma derivano anche dalla facilità di realizzazione, dalla semplicità nel reperire gli ingredienti, dalla maggiore familiarità con il metodo di preparazione più idoneo ecc.

Così ognuno può continuare, per proprio conto, ad utilizzare le erbe segnalate in precedenza (e, perché no? anche altre) per stimolare le capacità di difesa delle piante o per proteggerle dai parassiti. La breve rassegna dei principali preparati che segue è di comoda consultazione per eseguire al meglio ciascuna formulazione, ma non vuole e non può essere esaustiva di tutti i fitopreparati semplici o complessi che possono essere impiegati per la protezione delle piante.

### Aglio e cipolla

PREPARATO Decotto.

SPECIE UTILIZZATE Si utilizzano i bulbi di aglio e di cipolla. Di solito si utilizzano gli scarti ottenuti in fase di raccolta o di conservazione.

PREPARAZIONE Si uniscono a un litro di acqua 30 g di aglio e 20 g di cipolla, lasciandoli sobbollire per 15 minuti.
I risultati migliori sono stati ottenuti con gli ingredienti utilizzati in queste proporzioni, ma il decotto mantiene una buona efficacia anche variando le proporzioni.

IMPIEGO E INDICAZIONI Il preparato non deve essere diluito. Ha effetti repellenti ed insetticidi verso molti insetti, soprattutto afidi e cimici. Va distribuito direttamente sulle piante dopo che si è raffreddato. Se deve essere utilizzato in modo preventivo, bisogna impiegarlo una volta ogni 15 giorni; come curativo, è consigliabile ripetere gli interventi ogni 3-4 giorni.

NOTE L'elevato contenuto in composti dello zolfo tipico delle liliacee lascia intravedere la possibilità che questo decotto possa giocare un ruolo anche nel controllo dell'oidio e di altre malattie fungine.

### Assenzio

PREPARATO Decotto.

SPECIE UTILIZZATE Si utilizza la pianta intera di *Artemisia absinthium*, la pianta medicinale che costituisce la base per la preparazione dell'omonimo liquore e del vermouth.

DOVE CRESCE Allo stato spontaneo l'assenzio si trova comunemente sui muri e nelle vicinanze dei centri abitati delle regioni montane e submontane, ma è presente anche presso incolti aridi e siepi. Può essere coltivato in tutta Italia.

PREPARAZIONE Per ottenere 1 litro di prodotto da spruzzare sulle foglie delle piante si parte da 10 g di artemisia fresca o 1 g di artemisia essiccata da preparare in 100 ml di acqua. La tisana va poi filtrata e si aggiunge acqua fino a raggiungere il litro.

IMPIEGO E INDICAZIONI È repellente verso numerosi insetti e può essere usata regolarmente una volta alla settimana sospendendo gli interventi quindici giorni prima della raccolta.

## Equiseto

PREPARATO Decotto e macerato.

SPECIE UTILIZZATE Si utilizza la pianta intera di *Equisetum arvense,* detto anche coda cavallina.

DOVE CRESCE Si raccolgono le piante che crescono spontaneamente su terreni incolti umidi o lungo i fossi, le scarpate oppure in ambienti ruderali.

PREPARAZIONE DEL DECOTTO Per ottenere 1 litro di prodotto da spruzzare sulle foglie delle piante si parte da 20 g di equiseto fresco o 4 g di equiseto essiccato, da preparare in 100 ml di acqua lasciandoli sobbollire per 40-60 minuti. Il decotto va poi filtrato e si aggiunge acqua fino a raggiungere il litro.

IMPIEGO E INDICAZIONI DEL DECOTTO Rinforza la pianta contro le malattie fungine e può essere usato regolarmente una volta ogni quindici giorni.

PREPARAZIONE DEL MACERATO Per ogni 10 litri di acqua serve 1 kg di piante fresche o 100 g di piante essiccate. Le piante vanno immerse in un recipiente pieno di acqua avendo cura di mescolare 1-2 volte al giorno. Prima di immergerle conviene porle in un sacco di juta o di stoffa che servirà da filtro preventivo. Il macerato di equiseto emana un odore intenso e sgradevole. L'aggiunta di 10-20 g di litotammio (farina di alghe calcaree) o di bentonite contribuisce a ridurre l'odore.

IMPIEGO E INDICAZIONI DEL MACERATO Il macerato è pronto dopo una settimana. Si utilizza filtrato e diluito 1:10 (1 litro di macerato per 10 litri di acqua) irrorandolo sulle piante come rinforzante e fertilizzante fogliare, oppure mescolandolo all'acqua di irrigazione come fertilizzante radicale.

NOTE È possibile preparare un macerato misto di equiseto ed ortica.

## Quassio

PREPARATO Decotto.

SPECIE UTILIZZATE Si usano la corteccia e il legno di una pianta di origine tropicale: la quassia (*Picrasma excelsa*).

DOVE SI TROVA Il legno quassio si può trovare nelle erboristerie (dove viene venduto per la sua attività digestiva) e presso alcuni rivenditori specializzati di prodotti per l'agricoltura.

PREPARAZIONE Si macerano 20-30 g di quassio in un litro di acqua per alcuni giorni. La durata della macerazione dipende dalla forma in cui si presenta la corteccia: è più breve se si tratta di polvere micronizzata, è più lunga se si tratta di scaglie.
Terminata la macerazione si porta ad ebollizione il preparato ottenuto e si lascia sobbollire per 40-60 minuti. Si filtra il tutto e si diluisce con acqua fino a raggiungere i 10 litri.

IMPIEGO E INDICAZIONI Il legno quassio veniva usato come insetticida prima dell'avvento dei prodotti di sintesi. Quando la soluzione entra in contatto o viene ingerita dagli insetti, i principi amari (quassine) agiscono sul sistema nervoso di questi animali provocandone prima il rallentamento della attività e poi la paralisi, in modo simile a quanto accade con il piretro, ma con un'azione più blanda tanto da risultare innocua per gli insetti superiori, come le api e molti predatori di afidi.
Oltre all'attività insetticida il quassio svolge anche un'azione fagodeterrente.

NOTE Bisogna evitare l'utilizzo in prossimità della raccolta perché i principi amari contenuti peggiorano la qualità dei prodotti.

## Ortica

PREPARATO Infuso e macerato.

SPECIE UTILIZZATE Possono essere utilizzate le piante intere senza radici di *Urtica dioica* e di *Urtica urens,* raccolte preferibilmente all'inizio della fioritura.

DOVE SI TROVA Le ortiche crescono in luoghi incolti freschi, ma possono essere anche coltivate.

PREPARAZIONE DELL'INFUSO Per ottenere 1 litro di infuso da spruzzare sulle foglie delle piante si parte da 20 g di foglie fresche o 2 g di ortiche essiccate da preparare in 100 ml di acqua. L'infuso va poi filtrato e si aggiunge acqua fino a raggiungere il litro.

IMPIEGO E INDICAZIONI DELL'INFUSO L'infuso di ortica regola e stimola la crescita delle piante rinforzandole, particolarmente contro la peronospora. Può essere impiegato regolarmente spruzzandolo sulle foglie fino a 2 volte alla settimana.

NOTE Aggiungendo nella preparazione 10 g di equiseto fresco o 1 g di equiseto essiccato si potenziano le proprietà di prevenzione delle malattie fungine.

CONTROINDICAZIONI Non va usato su cavoli e crucifere (cime di rapa, crescione, rapa, ravanello, rucola) e in presenza di frutti destinati alla conservazione come la zucca.

PREPARAZIONE DEL MACERATO Per 10 litri di acqua serve 1 kg di piante fresche o 100 g di ortiche essiccate. Le ortiche vanno immerse in un recipiente pieno di acqua avendo cura di mescolare 1-2 volte al giorno. Prima di immergerle conviene porle in un sacco di juta o di stoffa, che servirà da filtro preventivo. Il macerato di ortica emana un odore intenso e sgradevole. L'aggiunta di 10-20 g di litotammio (farina di alghe calcaree) o di bentonite al macerato contribuisce a ridurre gli odori.

IMPIEGO E INDICAZIONI DEL MACERATO

- Dopo 12 ore è pronto il macerato di ortica da usare come insetticida (in questo caso è più efficace l'*Urtica urens*). Va distribuito tal quale, previa filtrazione in modo da non otturare la pompa irroratrice. Serve a combattere gli afidi (pidocchi). Una macerazione più lunga fa perdere al prodotto la capacità insetticida. Per questo impiego è meglio utilizzare piante fresche.
- Dopo una settimana è pronto il macerato da usare come fertilizzante. Prima di usarlo deve essere filtrato e diluito, impiegando 1 litro di macerato per 10 litri di acqua, per non causare "ustioni" alle piante. Si può irrorare direttamente sulla pianta per avere un effetto più rapido oppure distribuirlo con l'annaffiatoio.

NOTE È possibile preparare un macerato misto di equiseto e ortica.

CONTROINDICAZIONI Non va usato su cavoli e crucifere (cime di rapa, crescione, rapa, ravanello, rucola) e in presenza di frutti destinati alla conservazione come la zucca.

## Tanaceto

PREPARATO Infuso.

SPECIE UTILIZZATE Si utilizzano fiori, foglie e fusti di tanaceto (*Tanacetum vulgare*).

DOVE SI TROVA Il tanaceto si può anche trovare allo stato spontaneo, ma più spesso viene coltivato allo scopo.

PREPARAZIONE Per ottenere 1 litro di prodotto da spruzzare sulle foglie delle piante, si parte da 40 g di materiale fresco o 4 g di tanaceto essiccato da preparare in 100 ml di acqua. L'infuso va poi filtrato e si aggiunge acqua fino a raggiungere il litro.

IMPIEGO E INDICAZIONI È repellente verso gli insetti, soprattutto alcuni lepidotteri (piralide e nottue). Si può utilizzare regolarmente una volta a settimana, sospendendo gli interventi quindici giorni prima della raccolta.

## Macerato polivalente

SPECIE UTILIZZATE Per 10 litri di acqua servono le foglie di due piante di ortica, 30 spicchi di aglio, 3 manciate di rosmarino (foglie e fusti), 3 manciate di lavanda (fiori, foglie e fusti).

PREPARAZIONE Come per il macerato di ortica.

IMPIEGO E INDICAZIONI Il macerato è pronto dopo una settimana. Filtrato e diluito 1:10 (1 litro di macerato per 10 di acqua) può essere irrorato sulla pianta o distribuito con l'annaffiatoio.
Svolge un'azione repellente nei confronti degli insetti (terricoli se distribuito ai piedi delle piante) e ha un'azione corroborante e fertilizzante.

CONTROINDICAZIONI Non va usato sulle aromatiche e in prossimità della raccolta.

## Macerato di infestanti

SPECIE UTILIZZATE Per 10 litri di acqua utilizzare 1 kg delle principali infestanti raccolte in campo con le radici e i rizomi.

PREPARAZIONE Le erbe intere vanno poste direttamente in acqua, senza usare un sacchetto di stoffa per il filtraggio, e vanno lasciate macerare a lungo fino a quando tutti i pezzi di radici e di rizoma non siano ben decomposti, agitando il macerato nei "giorni di foglia"[3].

3. Per individuare i giorni di foglia è necessario consultare un calendario dei lavori agricoli biodinamico, come quello di Pierre Masson, edito da Terra Nuova Edizioni. Questo mette in relazione le fasi di luna ascendente e discendente con la posizione della luna stessa rispetto alle costellazioni.

IMPIEGO E INDICAZIONI Si utilizza in agricoltura biodinamica per contrastare le infestanti che si riproducono per rizoma e per stolone, distribuendole sulle piante nei giorni in cui la Luna è nella costellazione del Cancro.

## Riepilogo degli usi più frequenti

NEL GIARDINO O SUL BALCONE

*Decotto di assenzio* in via preventiva come repellente contro afidi e altri insetti
*Decotto di aglio e cipolla* in via preventiva come repellente contro afidi e altri insetti
*Decotto di equiseto* come rinforzante contro le malattie fungine (soprattutto in giardino)
*Infuso di ortica* come rinforzante applicato per via fogliare

NELL'ORTO

*Infuso o macerato di ortica* come rinforzante applicato per via fogliare
*Decotto o macerato di equiseto* come rinforzante contro le malattie fungine
*Infuso di tanaceto* come repellente per nottue (applicazione con l'acqua di irrigazione) e piralide (applicazione con irrorazione)
*Macerato polivalente* in via preventiva come repellente contro afidi e altri insetti
*Decotto di aglio e cipolla* in via preventiva come repellente contro afidi e altri insetti
*Macerato di infestanti* contro infestanti stolonifere e rizomatose (per esempio gramigna e stoppione)

# Consociazioni e azione repellente e protettiva

*Nella difesa delle piante è possibile intervenire in modo preventivo sfruttando le essenze presenti in numerose piante mediante la loro consociazione con la coltura da proteggere: per esempio, coltivando piante di assenzio accanto a cavoli per tenere lontana la cavolaia. Infatti, grazie agli essudati radicali e alle sostanze volatili contenute nelle foglie e nei fiori, alcune piante svolgono un'azione repellente nei confronti di numerosi fitofagi, mentre altre risultano utili per la prevenzione delle malattie fungine.*
*Mediante le consociazioni suggerite dalle due tabelle che seguono è possibile sfruttare le qualità di queste piante per tener lontani dall'orto e dal frutteto i più comuni parassiti animali e vegetali.*

## Tabella 2 - Consociazioni utili per contrastare alcune malattie fungine

| Coltura | Malattie fungine controllate | Pianta ad azione protettiva da consociare |
|---|---|---|
| Cavolo | Ernia | Concimazioni verdi di trifoglio o altre Leguminose |
| Patata | Peronospora | Canapa |
| Sedano | Septoriosi | Pomodoro, porro, cavolfiore |

## Tabella 3 - Consociazioni utili contro i più comuni fitofagi

| Coltura | Fitofagi respinti | Pianta ad azione repellente da consociare |
|---|---|---|
| Asparago | Mosca | Avena, pomodoro, frumento |
| Bietola | Altica | Spinaci, lattuga |
| Carota | Mosca | Porro, cipolla, aglio, tanaceto |
| Cavolo | Cavolaia | Artemisia, issopo, timo, menta, assenzio, porro, salvia, rosmarino, pomodoro |
| | Mosca | Pomodoro, trifoglio, porro, cipolla, aglio; pacciamare con felce maschio |
| | Cecidomia del cavolo | Pomodoro |
| | Punteruolo | Pacciamare con felce maschio e con altre piante fortemente odorose |
| Cetriolo | Altiche | Pomodoro |
| Cipolla | Mosca | Sedano, carote, tanaceto |
| Fagiolo | Mosca | Santoreggia, pomodoro |
| | Altiche | Ravanello, romolaccio |
| | Afide nero | Santoreggia |
| Fava | Tonchio | Tagete |
| Insalata da taglio | Altiche | Pomodoro |
| Patata | Dorifora | Lino, fagioli nani, petunia |
| | Nematodi | Tagete |
| | Grillotalpa | Canapa |
| Pisello | Tortricide | Carote, senape, calendula, pomodoro |
| Porro | Tignola | Tanaceto, carote, sedano, prezzemolo, aneto, camomilla |
| Sedano | Mosca | Porro, cipolla, aglio |
| Varie | Formiche | Menta, tagete, tanaceto |
| | Afidi | Aglio, nasturzio. erba cipollina |
| | Nematodi delle radici | Tanaceto |
| | Lumache | Senape, cerfoglio, crescione, ortica; pacciamare con felce maschio |
| | Mosca | Basilico, tanaceto |

CAPITOLO **5**

# Rimedi naturali

# Rimedi naturali

*Per la cura delle piante in agricoltura biologica, oltre ai prodotti fitosanitari, si impiegano anche altre sostanze che il legislatore ha definito corroboranti, poiché potenziano le difese naturali dei vegetali. Per la loro commercializzazione non è richiesta alcuna autorizzazione, purché non siano venduti con nomi di fantasia o in miscela fra di loro e il loro uso non provochi effetti nocivi sulla salute umana e sull'ambiente. Qui di seguito sono elencati i corroboranti più comuni da utilizzare nell'orto e nel frutteto.*

## Aceto

L'aceto si ottiene dalla fermentazione di liquidi alcolici per azione di batteri del genere *Acetobacter* che, in presenza di aria e acqua, ossidano l'etanolo trasformandolo in acido acetico. L'aceto usato in cucina ha un volume di acido acetico compreso fra il 3 e il 5%, mentre quello impiegato in agricoltura può presentare percentuali più alte.

IMPIEGO E MODALITÀ D'AZIONE L'aceto si utilizza:

- per acidificare l'acqua utilizzata per i trattamenti. Alcuni prodotti, come il *Bacillus thuringiensis*, perdono di efficacia con l'impiego di acque con pH neutro o alcalino e, in generale, il pH ideale dell'acqua per i trattamenti deve essere compreso fra 5,5 e 6. Fa eccezione a questa regola solo la poltiglia bordolese. L'acidità dell'acqua si controlla con le cartine tornasole reperibili via internet o nei negozi di acquari.
- Come diserbante. L'aceto, quando giunge a contatto con le piante, ha un'azione caustica che altera i tessuti fino a bruciarli. I migliori risultati si ottengono impiegandolo come disseccante e distribuendolo con una pompa a spalla o con una barra per il diserbo quando gli steli hanno un'altezza compresa tra i 2 e i 5 cm, curando bene la bagnatura fogliare e ripetendo gli interventi quando l'erba ricomincia a spuntare.

DOSAGGIO Come acidificante, il suo dosaggio dipende dall'acidità del prodotto (cioè dal suo contenuto in acido acetico) e dal pH dell'acqua. Si determina di volta in volta controllando con una cartina tornasole il valore del pH raggiunto dalla soluzione.

Come diserbante si impiega aceto al 10% di acido acetico alla dose di 250 ml/mq. Se si adopera un aceto con minore acidità bisogna aumentare la dose in modo da assicurare l'impiego di una uguale quantità di acido acetico.

NOTE Il suo utilizzo come diserbante trova un grande limite nel costo dei trattamenti che sono 10 volte superiori rispetto all'impiego dei diserbanti chimici.

È indicato in frutticoltura, nei vivai di piante arboree e arbustive e in ambito civile, perché la sua azione caustica si manifesta anche verso le parti verdi delle piante coltivate.

IMPIEGO PROFESSIONALE L'impiego dell'aceto in agricoltura biologica è ammesso come corroborante con funzione acidificante, mentre è dubbia la possibilità di utilizzarlo come diserbante.

EFFICACIA La sua efficacia come disseccante è stata dimostrata, fra gli altri, dall'Università dell'Ohio, dall'Agricultural Research Service (Usa), dal Centro per la sperimentazione agraria e forestale di Laimburg (Bz) e dall'Università di Pisa.

## Bentonite

Bentonite è il nome commerciale di una serie di argille di origine vulcanica, ricche di micronutrienti e caratterizzate dalla capacità di assorbire acqua. Il componente principale della bentonite è la montmorillonite, ma la sua composizione può essere molto variabile.

IMPIEGO E MODALITÀ D'AZIONE Viene usata da sola o, più spesso, in miscela con zolfo per la lotta contro la muffa grigia (*Botrytis cinerea*) sulla vite. I trattamenti vanno eseguiti prima della chiusura del grappolo, preferibilmente impiegando un prodotto in polvere.
Può servire anche per agevolare l'aspersione delle foglie nell'impiego di fitofarmaci di origine minerale e per la realizzazione di alcuni preparati biodinamici (pasta per tronchi e miscela NAB).

DOSAGGIO Il dosaggio dipende dall'uso e varia da 300 a 700 g/hl (3-7 g/l).

NOTE Talvolta la bentonite viene utilizzata insieme al litotamnio, un'alga ricca di calcio e magnesio che si trova in estesi banchi lungo le coste della Bretagna e della Normandia.

IMPIEGO PROFESSIONALE L'impiego in agricoltura biologica è autorizzato come corroborante (polvere di roccia).

REPERIBILITÀ Si può acquistare via internet o presso rivenditori specializzati in prodotti per l'agricoltura biologica, ma anche nei negozi di enologia, essendo utilizzata anche nella chiarificazione del vino.

EFFICACIA L'uso della bentonite come coadiuvante del rame è confermato da molti studi sulla difesa dalla peronospora condotti in molte regioni italiane. L'azione antibotritica in combinazione con lo zolfo è stata testata in uno studio dell'Ersa del Friuli Venezia Giulia, in cui il suo effetto è stato giudicato buono, ma inferiore a quello dei prodotti chimici di riferimento.

## Bicarbonato di sodio

Il bicarbonato di sodio è un derivato dell'acido carbonico. A temperatura ambiente si presenta come una polvere cristallina bianca solubile in acqua. Ricavato per secoli in forma impura da ceneri di alcuni tipi di alghe e piante, oggi si prepara partendo da carbonato di sodio, acqua e anidride carbonica. È autorizzato come additivo alimentare. In Europa è identificato dalla sigla E 500.

IMPIEGO E MODALITÀ D'AZIONE È efficace nel controllo dell'oidio (mal bianco), ma la sua azione è variabile in funzione delle annate. Ha dimostrato di essere attivo anche contro la ticchiolatura del melo.

I meccanismi di azione non sono del tutto chiari, ma sembra che il bicarbonato innalzi il pH della superficie fogliare inattivando gli enzimi necessari per lo sviluppo fungino. I trattamenti devono essere effettuati in modo preventivo o alla comparsa dei primi sintomi della malattia.

Il suo uso è sconsigliato quando la temperatura supera i 35° C, perché può essere fitotossico.

DOSAGGIO Si impiega a dosi variabili da 500 a 1.500 g/hl (5-15 g/l).

NOTE Anche il bicarbonato di potassio ha una buona attività fungicida contro il mal bianco e contro la muffa grigia (*Botrytis cinerea*), tuttavia è considerato un fitofarmaco ed è soggetto alla normativa che regola l'impiego di questi prodotti. Attualmente in Italia è registrato un solo prodotto fitosanitario a base di bicarbonato di potassio. Il tempo di carenza pari a un solo giorno ne permette l'impiego fino in prossimità della raccolta.

IMPIEGO PROFESSIONALE L'uso di bicarbonato di sodio è consentito dalla normativa italiana sul biologico solo come corroborante.

REPERIBILITÀ Si trova facilmente nelle drogherie. È venduto anche da rivenditori specializzati in prodotti per l'agricoltura biologica.

EFFICACIA In Italia, i principali studi sugli effetti anticrittogamici del bicarbonato di sodio sono stati condotti dal Di.Va.P.R.A. dell'Università di Torino, da Arsia Toscana, dal Centro per la sperimentazione agraria e forestale di Laimburg (Bz) e dalla Fondazione Edmund Mach di S. Michele all'Adige (Tn). In Germania è impiegato da oltre 10 anni nella lotta all'oidio in viticoltura biologica.

## Lecitina

La lecitina è un fosfolipide che si trova nelle cellule vegetali e animali. Si utilizza nell'industria alimentare come emulsionante, antiossidante e stabilizzante (è autorizzata come additivo a livello europeo con la sigla E 322). Viene estratta prevalentemente dai semi di soia e in quantità minore da altre fonti, come semi di colza e girasole e tuorlo d'uovo.

IMPIEGO E MODALITÀ D'AZIONE Ha un'azione fungicida, agisce per contatto e la sua attività sembra collegata all'inibizione della germinazione delle spore.
È impiegata come antioidico sulla vite, sulle Cucurbitacee, sul melo, sui piccoli frutti e sulle ornamentali. Si adopera anche come emulsionante nelle miscele olio-acqua di insetticidi e anticrittogamici, perché ne ottimizza l'efficacia permettendo di distribuire dosi inferiori dei fitofarmaci.

DOSAGGIO Come fungicida la dose consigliata è 250g/hl (2,5 g/l). Per le emulsioni invece serve il 4-5% di lecitina.

NOTE La lecitina è ottenuta prevalentemente dalla soia, quindi il rischio che contenga OGM è elevato. Per questo motivo il suo impiego in agricoltura biologica è considerato problematico.

IMPIEGO PROFESSIONALE È consentito il suo utilizzo in agricoltura biologica come corroborante, ma è necessario accertarsi dell'assenza di contaminazioni da OGM.

REPERIBILITÀ Si trova facilmente in drogheria e in erboristeria.

EFFICACIA L'Istituto di ricerche in agricoltura biologica (Fibl) della Svizzera giudica alta l'efficacia antioidica della lecitina. In Germania e in altri Paesi del Nord Europa sono disponibili prodotti fungicidi a base di lecitina e il suo impiego è abbastanza diffuso.

## Oli vegetali alimentari

Gli oli vegetali si estraggono per pressione dai semi oleosi o da altre parti delle piante e sono costituiti da esteri della glicerina. Possono essere utilizzati nell'alimentazione umana.
Gli oli essenziali sono invece ottenuti per estrazione da piante aromatiche e presentano una composizione complessa, essendo costituiti da una miscela di idrocarburi e altre sostanze, come terpeni, sesquiterpeni, alcoli, fenoli, aldeidi, chetoni ecc. Per le loro caratteristiche sono equiparati ai fitofarmaci, quindi per la loro trattazione si rimanda al capitolo 3 di questo manuale, con particolare riferimento all'olio di menta.

IMPIEGO E MODALITÀ D'AZIONE Gli oli vegetali grassi hanno un'attività insetticida e fungicida.
L'azione insetticida sembra essere analoga a quella degli oli minerali, agi-

scono quindi per asfissia, coprendo il corpo degli insetti o degli acari con una sottile pellicola e penetrando per capillarità nei loro canali tracheali, fino a occluderli e a impedire così la respirazione. Sono attivi soprattutto contro acari, cocciniglie, psille e altri artropodi di piccole dimensioni. Non è del tutto chiaro in che modo gli oli agiscano contro i funghi: si ipotizzano l'inibizione della germinazione delle spore fungine e la creazione di una barriera fisica alla penetrazione dei patogeni. Le proprietà anticrittogamiche sono state verificate soprattutto contro diversi tipi di oidio.
Gli oli vegetali si impiegano anche come coadiuvanti in alcuni trattamenti: l'olio di soia con i sali rameici e l'olio di pino (pinolene) per proteggere dai raggi UV i prodotti fotosensibili (per esempio *Bacillus thuringiensis* e Carpovirusine).

DOSAGGIO In orticoltura si utilizzano come coadiuvanti o come fungicidi alla dose di 200-300 ml/hl (2-3 ml/l), dieci volte inferiori per il pinolene.

IMPIEGO PROFESSIONALE Gli oli vegetali grassi sono ammessi in agricoltura biologica come corroboranti.

REPERIBILITÀ Si possono acquistare anche nei supermercati.

## Propoli

NOTIZIE GENERALI La propoli è il prodotto di raccolta, elaborazione e modificazione, da parte delle api, di sostanze resinose prodotte dalle piante. Tra i vari costituenti della propoli troviamo: cere, resine, balsami, oli essenziali, acidi aromatici e polifenoli. Le proporzioni dipendono dalla pianta di provenienza e dal periodo di bottinatura delle api. Si raccoglie dall'arnia raschiandola dai punti dove è stata maggiormente depositata.
Per l'impiego in agricoltura viene preparata in soluzione acquosa, idro-alcolica, alcolica oppure come oleato.

IMPIEGO E MODALITÀ D'AZIONE Favorisce lo sviluppo vegetativo delle gemme, la funzionalità degli organi sessuali del fiore e l'allegagione, nonché il primo accrescimento del frutticino. Per questo motivo viene utilizzata, talvolta in associazione con il boro, durante la fioritura.
Presenta anche proprietà fitostimolanti che favoriscono l'autodifesa della pianta e i processi di cicatrizzazione a seguito di potature o di avversità atmosferiche. Potenzia l'azione di alcuni antiparassitari (soprattutto lo zolfo), mentre l'attività anticrittogamica diretta è blanda in confronto agli altri prodotti consentiti in agricoltura biologica.

DOSAGGIO Si utilizzano 200-250 ml/hl (2-2,5 ml/l) quando viene impiegata da sola, 150-200 ml/hl (1,5-2 ml/l) quando è associata a zolfo o prodotti rameici.

IMPIEGO PROFESSIONALE La propoli è ammessa in agricoltura biologica come corroborante.

REPERIBILITÀ La propoli ad uso agricolo si acquista via internet o presso rivenditori specializzati in prodotti per l'agricoltura biologica.

EFFICACIA Studi condotti in Liguria all'inizio degli anni '80 avevano mostrato l'efficacia della propoli come fungicida in associazione allo zolfo.
Le sperimentazioni più recenti condotte dalla Regione Marche hanno dimostrato un'azione anticrittogamica della propoli impiegata in campo contro la peronospora, ma tale azione risulta essere troppo blanda rispetto a quella di altri fungicidi utilizzabili in agricoltura biologica.

## Sapone molle e/o di Marsiglia

NOTIZIE GENERALI Il sapone molle di potassio, detto anche più comunemente sapone di Marsiglia, è un sale di potassio di acidi grassi. Può essere metabolizzato da alcuni batteri, perciò è biodegradabile.

IMPIEGO E MODALITÀ D'AZIONE Ha un'azione insetticida. Gli acidi che contiene alterano la struttura e la permeabilità delle membrane cellulari degli insetti, fino a far fuoriuscire i contenuti dalle cellule danneggiate e far morire rapidamente l'insetto. A questa azione si aggiunge l'occlusione degli organi respiratori, che determina l'asfissia dei parassiti colpiti.
Agisce per contatto contro gli insetti a tegumento molle come afidi, cicaline, cocciniglie, tripidi ecc., ma colpisce anche alcuni insetti utili come le larve dei sirfidi e gli acari predatori. La sua azione termina quando il prodotto si asciuga sulla pianta.
Il suo impiego riduce i danni da fumaggine, favorendo lo scioglimento della melata prodotta dagli insetti.
Abbinato agli insetticidi, viene anche usato come bagnante e adesivo, perché migliora la diffusione omogenea del principio attivo all'interno della miscela acqua-antiparassitario e ne assicura una distribuzione uniforme sugli organi vegetali.

DOSAGGIO Come insetticida servono 1-2 kg/hl (10-20 g/l) se il sapone è solido o in pasta. Per comodità, soprattutto nei piccoli appezzamenti, in casa o sul balcone, si può usare anche il sapone di Marsiglia liquido alla dose di 10-20 cc/l, con l'avvertenza di aumentare il dosaggio se il trattamento risulta inefficace.
Come adesivo e bagnante le dosi sono dieci volte inferiori: 100-200 g/hl ovvero 1-2 g/l.

NOTE Il sapone di Marsiglia è fitotossico su alcune piante (ippocastano, gardenia, alcune varietà di pero, azalea, poinsettia, begonia ecc.).
Nel dubbio, è bene trattare selettivamente solo una o poche foglie per verificarne l'innocuità, attendendo 24 ore prima di estendere l'intervento.
In ogni caso, per limitare le possibili scottature che si manifestano spesso con la formazione di piccoli fori nel tessuto fogliare, è bene eseguire i trattamenti nelle ore serali.

IMPIEGO PROFESSIONALE In agricoltura biologica è ammesso come corroborante.

REPERIBILITÀ Si trova facilmente in tutti i supermercati, ma si può acquistare anche presso rivenditori specializzati in prodotti per l'agricoltura biologica.

EFFICACIA Anche se il sapone di Marsiglia è utilizzato come insetticida già dagli anni '50, in Italia la sua efficacia è attestata soprattutto dalle esperienze di coltivatori professionali e hobbisti. Negli Usa, l'Università del Connecticut ha condotto alcuni studi che ne hanno confermato l'efficacia insetticida.

## Riepilogo degli usi più frequenti

IN CASA

*Sapone di Marsiglia* per il controllo degli afidi
*Oli vegetali* per il controllo delle cocciniglie sugli agrumi e sulle piante ornamentali

NEL GIARDINO O SUL BALCONE

*Sapone di Marsiglia* per il controllo degli afidi
*Oli vegetali* per il controllo delle cocciniglie sugli agrumi e sulle piante ornamentali
*Bicarbonato di sodio* per il controllo dell'oidio sulle rose e le altre piante ornamentali
*Propoli* per migliorare la cicatrizzazione delle ferite in seguito a danni provocati dalla grandine o dal vento

NELL'ORTO

*Sapone di Marsiglia* per il controllo degli afidi
*Bicarbonato di sodio* per il controllo dell'oidio sulle Cucurbitacee
*Propoli* per migliorare la cicatrizzazione delle ferite in seguito a danni provocati dalla grandine o dal vento

CAPITOLO **6**

# Trappole, recinzioni e altri sistemi di protezione

# Trappole

*Le trappole sono usate per catturare lumache e insetti. La cattura dei parassiti ha due possibili finalità: il monitoraggio della popolazione, per stabilire il momento più opportuno per eseguire un trattamento, oppure la cattura di massa, per impedire o almeno contenere i danni.*
*Il monitoraggio serve di solito agli agricoltori professionali, mentre la cattura di massa è utile soprattutto per proteggere piccoli appezzamenti o piante isolate. Infatti, per essere efficace, quest'ultima richiede una distribuzione uniforme delle trappole in tutta la zona interessata dalla coltura, per evitare possibili intrusioni dagli appezzamenti confinanti.*
*Tutte le trappole sono costituite da un sistema di cattura e da un sistema di richiamo.*
*La cattura avviene grazie alla colla di cui sono cosparse le trappole, oppure in virtù della forma della trappola stessa che impedisce l'uscita ai parassiti che vi sono entrati.*
*L'innesco con il sistema di richiamo stimola gli organi di senso del parassita attirandolo nella trappola. Il richiamo può essere rappresentato da una fonte luminosa, dal colore, da esche alimentari o da sostanze che imitano quelle emesse naturalmente dagli insetti (feromoni). I diversi tipi di trappola si distinguono proprio in base all'attrattivo impiegato.*

## Le trappole cromotropiche

Le trappole cromotropiche richiamano gli insetti grazie al loro colore. Molti insetti sono attratti dalle radiazioni luminose di determinate lunghezze d'onda, generalmente dal verde, dal giallo, dal bianco e dall'azzurro.
Sono costituite da fogli di materiale impermeabile e resistente agli agenti atmosferici colorati e cosparsi di una sostanza adesiva che trattiene gli insetti.

Le trappole devono essere appese sopra la coltura oppure sulla chioma che si intende proteggere, ma la disposizione dipende anche dalle abitudini del parassita da debellare. Per la cattura di massa bisogna collocarle con un'elevata densità, poiché il loro raggio d'azione è molto limitato. La sostituzione va effettuata ogni tre settimane circa.
Le trappole cromotropiche sono poco selettive e vanno usate solo quando non esistono tecniche di difesa alternative o è troppo complicato applicarle. La cattura di massa infatti, in particolare quella realizzata con le trappole gialle, ha un impatto negativo sulle popolazioni di ditteri e imenotteri utili, paragonabile a quello esercitato dai trattamenti chimici. Per questo motivo, queste trappole sono impiegate soprattutto per il monitoraggio, ambito in cui garantiscono una notevole affidabilità, dato che la tipologia del loro richiamo non è condizionata da fattori ambientali.
La tabella indica i principali parassiti che possono essere catturati con queste trappole in funzione del loro colore.
Le trappole cromotropiche sono facilmente reperibili in commercio, ma è possibile anche la produzione "fai da te", cospargendo piatti di plastica del colore desiderato con vischio o colla per topi.

## Tabella 4 - Trappole cromotropiche

| Colore | Parassita | Coltura |
|---|---|---|
| Giallo | *Trialeurodes vaporariorum* - Mosca bianca delle serre. | Colture orticole (soprattutto Solanacee, Cucurbitacee e cavoli), colture ornamentali. |
| | *Bemisia tabaci* - Aleurodide delle serre. | Colture orticole (soprattutto Solanacee, Cucurbitacee e Leguminose) e agrumi, colture ornamentali. |
| | *Liriomyza spp.* - Minatori fogliari. | Colture orticole, soprattutto in serra. |
| Azzurro | *Frankliniella occidentalis.* | Colture orticole, Pomacee e Drupacee, colture ornamentali. |
| | *Thrips tabaci* - Tripide degli orti. | Colture orticole, colture ornamentali. |

## Trappole alimentari

Queste trappole sono innescate con sostanze che esercitano un richiamo di tipo alimentare sui parassiti. L'attrattivo può essere di natura zuccherina oppure proteica. Si utilizzano anche sali ammoniacali; fra questi, in agricoltura biologica è ammesso solo il fosfato biammonico, che peraltro ha dimostrato di essere il più efficace per la cattura della mosca dell'olivo e della mosca della frutta.
Il sistema più economico è quello di impiegare bottiglie di plastica di almeno un litro di capacità. Queste trappole si possono realizzare in vari modi:

1. tagliare la parte superiore di una bottiglia a circa 2/3 dell'altezza e incastrare il pezzo tagliato al contrario nella bottiglia stessa (vedi figura 1-5);
2. praticare numerosi fori delle dimensioni dell'insetto da catturare lungo le pareti della bottiglia chiusa con il suo tappo;

Realizzazione di trappola con una bottiglia di plastica.

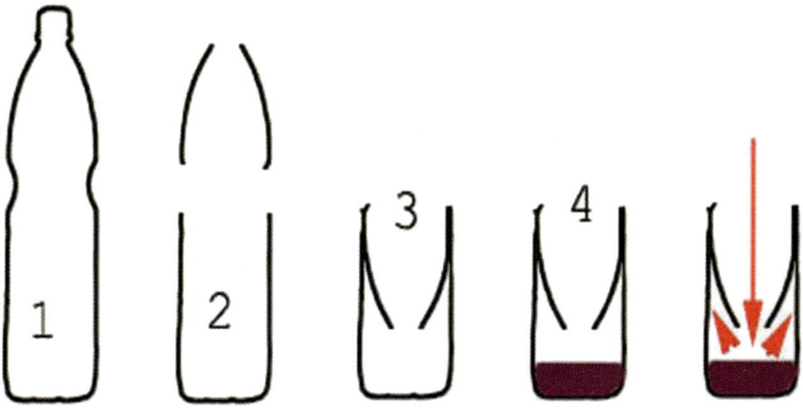


3. inserire nella bottiglia un apposito tappo-trappola per la cattura di insetti, in vendita nei negozi specializzati. Se ne trovano di modelli diversi in commercio. Si tratta di dispositivi vari, muniti di accorgimenti particolari che ne agevolano l'utilizzo e migliorano la capacità di cattura. Il colore di questi tappi cambia in funzione del parassita che si intende debellare, al fine di combinare l'attrazione alimentare con quella visiva.

Per gli insetti che si muovono sul terreno e per le limacce possono essere adoperati vasi in vetro o bicchieri di plastica da interrare fino al bordo, dotando eventualmente anche questi dispositivi di un tappo di cattura. È possibile anche porre l'attrattivo su un asse di legno o in un vaso di terracotta coperto da una tegola. In questo caso, però, i parassiti non rimangono bloccati dalla trappola e bisogna passare quotidianamente a raccoglierli ed eliminarli.
Le trappole alimentari sono dotate di una migliore selettività rispetto a quelle cromotropiche, grazie alle differenti abitudini alimentari dei parassiti. Per questo motivo trovano impiego nell'agricoltura professionale anche per la cattura di massa e non solo per il monitoraggio, in particolare per il controllo delle mosche fitofaghe.
La loro efficacia dipende molto dal tipo di esca usata. Su questo elemento si sono concentrate le attività sperimentali condotte sulla cattura di massa e sul monitoraggio della mosca dell'olivo, della mosca della frutta, degli elateridi e di un parassita di recente introduzione in Italia: la *Drosophila suzukii*. Per gli altri parassiti ci si deve basare soprattutto sulle esperienze di chi utilizza già da tempo questo metodo di difesa.
La tabella riporta le ricette degli attrattivi che si sono dimostrati finora più efficaci. Le quantità indicate sono sempre riferite (dove non è indicato diversamente) a una bottiglia di plastica della capacità di 1,5 litri, da riempire parzialmente.

# Tabella 5 - Trappole alimentari

| Parassita | Pianta e ambiente | Ricette | Note |
|---|---|---|---|
| *Drosophila suzukii* | Piccoli frutti<br>Fragole | 250-300 ml di aceto di mele addizionati a 100 ml di vino rosso e 1 o 2 cucchiai di zucchero.<br>1-2 cucchiai di lievito di birra e 1 di zucchero disciolti in 100 ml di acqua. | A meno che non si adoperino gli appositi tappi, preparare la bottiglia per la cattura chiudendo il tappo e praticando 5-6 fori di 5 mm di diametro nella parte alta delle pareti, per consentire l'ingresso dei moscerini. Collocare le trappole possibilmente all'ombra, lungo i bordi dei campi all'altezza dei frutti (nel caso delle fragole, il contenitore va leggermente interrato per evitare che si rovesci). Svuotare la bottiglia e rinnovare l'attrattivo una volta alla settimana. |
| Limacce | Orticole e fiori | Riempire per metà i contenitori con birra. | Collocare le trappole per lumache interrando i contenitori in modo che il loro margine sia a livello del suolo. Siccome le limacce sono attive nei periodi piovosi, svuotare le trappole ogni 1-2 giorni, a meno che non si usino gli appositi tappi. Il numero di trappole da collocare dipende dalla popolazione del parassita. |
| Lepidotteri | Frutticole e uva | Lasciare macerare 125 ml di vino rosso per 15 giorni con 1 cucchiaio di zucchero, 2 chiodi di garofano e un pezzetto di stecca di cannella. | Aggiungere acqua fino a raggiungere mezzo litro di attrattivo e versare la miscela nella trappola. |
| Mosche e mosconi comuni | Giardini e ambienti domestici | Aggiungere a mezzo litro di acqua 25 g di scarti di pesce crudo (sarde, acciughe). | In commercio sono disponibili attrattivi specifici per le mosche domestiche da utilizzare per innescare le trappole. Se le catture non sono soddisfacenti, spostare la trappola per trovare la giusta collocazione, evitando se possibile i punti troppo assolati. |
| Elateridi | Orticole | 20 g di frumento e 20 g di mais messi a bagno in acqua 24 ore prima di realizzare la trappola. | Per le trappole non usare vasetti o bicchieri ma vasi di diametro 10 o 12 forati sul fondo, perché le larve degli elateridi vivono in profondità nel terreno. Collocare l'esca alimentare fra due strati di vermiculite per mantenere un'umidità elevata. Dopo averli abbondantemente bagnati, interrare i vasi infilando il bordo superiore 5 cm sotto terra e coprirli con un sottovaso. Infine ricoprire tutto con pochi centimetri di terra lasciando però una segnalazione per poter individuare successivamente la trappola. |

Particolari trappole, composte da crusca e zucchero, sono state utilizzate per la cattura massiva della nottua del cotone (*Spodoptera littoralis*), che danneggia le orticole e i fiori in Campania, Sicilia e Basilicata, mentre in commercio si possono trovare anche trappole per gli scarafaggi (blatte).
Tutte le trappole alimentari vanno controllate periodicamente, eliminando i parassiti catturati, cambiando le esche quando hanno perso la loro attrattività e sostituendole quando hanno esaurito la loro capacità di cattura, cioè quando sono "piene".

## Le trappole a feromoni

Queste trappole utilizzano come attrattivo i feromoni. Si tratta di sostanze prodotte in laboratorio, che imitano perfettamente quelle emesse da ghiandole a secrezione esterna degli insetti, allo scopo di inviare un messaggio chimico a individui della medesima specie. Sebbene ne esistano vari tipi, i più utilizzati sono quelli emessi dalle femmine per attirare i maschi. Questi richiami chimici hanno un ampio raggio d'azione, per esempio i maschi della tignola dell'olivo sono in grado di captare il feromone emesso dalle femmine anche a qualche chilometro di distanza.
La tipologia dell'attrattivo assicura una completa selettività, perché il richiamo viene esercitato esclusivamente verso gli insetti della specie bersaglio, cioè di quella che emette naturalmente il feromone usato come esca. Nell'agricoltura professionale l'impiego più frequente è per il monitoraggio, in particolare per il campionamento del volo e della popolazione di lepidotteri (farfalle e falene) e ditteri (mosche) parassiti.
La cattura di massa è possibile solo in ambienti confinati o nel caso di parassiti con una popolazione numericamente poco rilevante. La tabella indica i parassiti contro i quali è utilizzata frequentemente, anche in campo professionale.
Anche per le trappole a feromoni la manutenzione è essenziale. Bisogna sostituirle quando non sono più in grado di catturare perché la superficie adesiva è ricoperta di insetti. Inoltre, il feromone viene rilasciato nell'ambiente per un periodo variabile fra le 6 e le 10 settimane in funzione delle sue caratteristiche chimiche, delle temperature esterne e dei coformulanti impiegati. Quando cessa l'attrattività, bisogna provvedere alla sostituzione del dispenser o dell'intera trappola, se è quest'ultima a essere impregnata di feromone.

# Tabella 6- Trappole a feromoni

| Nome comune | Principali specie bersaglio | Protezione verso | Ambiente | Note |
|---|---|---|---|---|
| Rodilegno | *Cossus cossus*<br>*Zeuzera pyrina* | Fruttiferi e altre arboree ornamentali e forestali (Cossus). | Giardino<br>Bosco | Distribuire le trappole vanno messe a una densità di 5-20 per ettaro, secondo ambiente e specie da proteggere. Per la protezione di poche piante è sufficiente una trappola. |
| Tignole della farina | *Ephestia elutella*<br>*Ephestia kuehniella*<br>*Plodia interpunctella*<br>*Sitotroga cerealella* | Prodotti conservati (farine, cereali, legumi, frutta secca, pasta ecc.). | Cucina<br>Dispensa<br>Magazzino | Installare le trappole quando la temperatura ambientale supera i 15° C. |
| Tarme | *Tineola bisselliella* | Abiti, tappeti. | Armadi | Installare le trappole quando la temperatura ambientale supera i 15° C. |
| Nottue | *Agrotis ipsilon*<br>*Agrotis segetum*<br>*Heliothis armigera*<br>*Mamestra brassicae*<br>*Spodoptera littoralis* | Orticole, fiori. | Orto<br>Serra<br>Giardino | Montare le trappole tra fine marzo e fine aprile, secondo la specie, generalmente ai bordi del campo. |
| Processionarie | *Lymantria dispar*<br>*Hyphantria cunea*<br>*Thaumetopoea pityocampa* | Piante forestali e fruttifere. | Bosco<br>Giardino | Impiantare le trappole in giugno. |
| Tuta absoluta | *Tuta absoluta* | Pomodoro. | Orto<br>Serra | Utilizzare trappole a bacinella contenenti acqua insaponata, a fine aprile o al momento del trapianto. Distribuire 15-30 trappole per ettaro; in una piccola coltivazione basta una trappola. |

## Riepilogo degli usi più frequenti

IN CASA

*Trappole luminose* per la cattura delle zanzare
*Trappole alimentari* per la cattura delle blatte (scarafaggi)
*Trappole a feromoni* per la cattura delle tignole della farina
*Trappole a feromoni* per la cattura delle tarme

NEL GIARDINO O SUL BALCONE

*Trappole luminose* per la cattura delle zanzare
*Trappole alimentari* per mosche e mosconi
*Trappole alimentari* per vespe e calabroni
*Trappole alimentari* per le limacce
*Trappole a feromoni* per i rodilegno
*Trappole a feromoni* per le nottue

NELL'ORTO

*Trappole cromotropiche* azzurre per tripidi e *Frankliniella* (in serra)
*Trappole cromotropiche* gialle per aleurodidi e mosca bianca (in serra)
*Trappole alimentari* per le limacce
*Trappole alimentari* per gli elateridi
*Trappole a feromoni* per le nottue
*Trappole a feromoni* per *Tuta absoluta* (solo pomodoro)

# Recinzioni e altri sistemi di protezione

*Alcuni animali si presentano in modo sistematico danneggiando le coltivazioni. Contro alcuni di essi è possibile realizzare dei sistemi di protezione costruiti ad hoc.*
*I sistemi di protezione prevedono un certo impegno (di lavoro e/o economico) al momento della loro installazione, ma garantiscono in genere una protezione molto efficace.*

## Recinzioni

L'uso delle reti e delle recinzioni per tenere lontani gli animali indesiderati è piuttosto frequente ed è il sistema di dissuasione più utilizzato contro gli animali di grossa taglia, come gli ungulati e i cinghiali, perché rappresenta una misura di prevenzione adeguata per piccole parcelle dove si constatino danni ripetuti.
Le recinzioni fisse sono costruzioni destinate a durare nel tempo. I pali vanno conficcati nel terreno a un metro di profondità e a una distanza massima di 4 metri uno dall'altro. La rete deve essere collocata ben tesa per renderla pienamente efficiente utilizzando un filo tenditore in acciaio del diametro di almeno 3,5 mm. Le reti migliori sono quelle con una maglia di 20x20 cm, mentre sono da evitare le reti a nodi e il filo spinato, che possono provocare ferite anche mortali alla fauna selvatica. È possibile ridurre i costi tendendo sopra la rete due cavi supplementari a una distanza massima di 25 cm uno dall'altro.
Verificare regolarmente l'integrità delle recinzioni e provvedere alla loro costante manutenzione permette di mantenerle efficaci anche per molti anni.

# Tabella 7 - Recinzioni fisse meccaniche

| Fauna da respingere | Possibili danni provocati | Note per la costruzione delle recinzioni |
|---|---|---|
| Cinghiali | Si nutrono dei prodotti e rivoltano il terreno alla ricerca di vermi e radici in seminativi, orticole e vigneti. | Le recinzioni possono essere alte 80-120 cm, ma è necessario interrare la rete di almeno 50 cm e fissarla saldamente al suolo. |
| Caprioli, daini, cervi ecc. | Mangiano dei germogli di fruttiferi, orticole, vite; scortecciano alberi da frutta e piante forestali, con effetti negativi soprattutto nella fase di accrescimento. | Le reti devono essere alte circa 250 cm.<br>In caso di terreni declivi, l'altezza effettiva della recinzione dipende dell'altezza del terreno a monte.<br>Vanno fissate saldamente al suolo con ancoraggi in ferro (sardine, ferri a U), perché i caprioli hanno l'abitudine di passare sotto la rete. |

Le recinzioni realizzate per impedire l'ingresso degli ungulati sono spesso adatte a evitare anche i danni provocati da lepri e tassi.
In appezzamenti di dimensioni più grandi si preferisce utilizzare recinzioni elettrificate, che hanno dimostrato la loro efficacia in molte prove sperimentali.

## Reti antinsetti

L'installazione di reti a maglie sufficientemente fitte può impedire agli insetti di entrare in ambienti protetti o di raggiungere la pianta da parassitare. I sistemi di protezione di questo tipo sono molto diffusi. Basti pensare alle zanzariere, che ormai costituiscono un dispositivo irrinunciabile contro la presenza di questi fastidiosi insetti nelle case, oppure alle reti applicate alle finestre dei laboratori dove si trattano prodotti alimentari, per impedire l'ingresso nei locali di insetti volanti.

Le reti antinsetti trovano impiego anche nell'agricoltura professionale, per esempio nelle coltivazioni in serra dove sono utilizzate frequentemente per impedire alla piralide di danneggiare i peperoni. In questo caso vengono applicate sulle pareti laterali e sulle testate, impedendo alla piralide di entrare nell'ambiente così protetto e di danneggiare la coltura.
In alcuni casi anche la copertura delle piante con tessuto non tessuto è sufficiente per ridurre in modo significativo i danni causati da alcuni parassiti come afidi o uccelli.

## Coperture parapioggia

I funghi parassiti penetrano nei tessuti della pianta ospite quando le foglie o gli altri organi restano bagnati per un periodo di tempo abbastanza lungo (alcune ore), variabile in funzione del tipo di parassita e della temperatura ambientale: più fa caldo e più si riduce la durata della bagnatura fogliare necessaria.
La realizzazione di coperture che, pur permettendo il passaggio della luce, impediscono alla pioggia di bagnare le foglie, è quindi un valido sistema di protezione contro lo sviluppo di malattie fungine.
Le coperture si impiegano soprattutto nella coltivazione del lampone rifiorente, poiché il suo frutto è molto suscettibile alla muffa grigia e continua a maturare fino ad autunno inoltrato quando, per la piovosità molto elevata, le condizioni climatiche sono ideali per lo sviluppo della malattia.
Ma il loro uso può essere esteso ad altre colture, come le fragole oppure il pomodoro. Quest'ultimo è soggetto alla peronospora, un fungo attivo durante tutto il periodo di coltivazione, le cui infezioni possono causare anche la morte della pianta. Coltivarlo sotto copertura evita di dover procedere a ripetuti interventi con prodotti a base di rame e di sospendere la raccolta dopo i trattamenti[1].
Non sempre serve approntare una struttura apposita, perché i tunnel hanno anche una funzione parapioggia e fragola e pomodoro possono giovarsi di questa situazione. Per proteggere piccole aiuole possono essere realizzate intelaiature più semplici, senza pareti laterali e con un'arcata ridotta sufficiente a sostenere un telo di polietilene a copertura della coltivazione. In questo caso i teli vanno rimossi durante l'inverno per evitare che la neve danneggi le strutture.

1 Dopo l'uso di un prodotto fitosanitario è necessario rispettare un "periodo di carenza" durante il quale è vietato procedere alla raccolta delle piante trattate.

## Sistemi di dissuasione

Alcuni uccelli possono danneggiare le colture agricole cibandosi dei semi, delle giovani plantule appena germinate e dei frutti maturi. Altri volatili sono molesti in ambito urbano, perché causano danni agli edifici per il deposito di guano e altro sudiciume. Senza dimenticare che deiezioni, piume, vecchi nidi e carcasse decomposte rappresentano un forte richiamo per ratti e topi.

## Tabella 8 - Volatili potenzialmente dannosi

| Specie | Danni in ambito agricolo | Danni in ambito rurale |
| --- | --- | --- |
| Storno | Colpisce frutteti, vigneti e oliveti durante la maturazione dei frutti, le colture in pieno campo (girasole, mais, sorgo) alla semina e durante la maturazione. | Causano problemi di carattere igienico soprattutto per la presenza di guano; danni agli alberi su cui dormono; rendono scivolosi marciapiedi e strade, imbrattandoli. |
| Cornacchia grigia<br>Gazza | Colpiscono frutta e ortaggi in maturazione, mais, girasole e sorgo in fase di emergenza e in maturazione. | |
| Colombo o piccione | Colpiscono ortaggi e seminativi in fase di emergenza. Possono danneggiare i seminativi anche durante la maturazione. | Causano problemi di carattere igienico soprattutto per la presenza di guano; agiscono da richiamo per altre specie come ratti e topi; danneggiano gli edifici con i loro escrementi. |
| Colombaccio<br>Tortora<br>Passero | Colpiscono frumento, girasole e sorgo in fase di maturazione. | |
| Gabbiano | Causano problemi di carattere igienico soprattutto per la presenza di guano. | |
| Fagiano | Colpiscono mais, sorgo, girasole e barbabietola in fase di emergenza, ortaggi e uva durante la maturazione. | |

Per contenere i danni provocati dagli uccelli possono essere utilizzati sistemi di dissuasione ottici, meccanici o acustici.

## Sistemi di dissuasione ottici

Il più antico sistema di dissuasione ottico è lo spaventapasseri, costituito da una intelaiatura in legno che sostiene un fantoccio. Tuttavia gli uccelli si abituano rapidamente alle fattezze umane dello spaventapasseri e dopo pochi giorni l'effetto dissuasivo cessa.

Più efficaci si stanno dimostrando i pupazzi che imitano l'aspetto dei predatori naturali, soprattutto falchi e gufi. Se poi questi dispositivi sono in grado di muoversi l'effetto migliora e permane per un periodo più lungo. Alcuni spaventapasseri sono in grado di ruotare su se stessi grazie all'azione del vento, altri sono aquiloni su cui è disegnata la forma di un rapace.

Buoni risultati si ottengono con l'uso dei palloni terrifici, il cui disegno richiama gli occhi dei predatori. Questi dispositivi posizionati in un numero adeguato sopra le colture da proteggere si sono dimostrati in grado di allontanare i volatili. È bene disporre di palloni di colore diverso, perché alternando i vari colori senza mescolarli si prolunga l'effetto deterrente. Serve almeno un pallone ogni 1000 $m^2$ di coltivazione da proteggere.

Le strisce riflettenti fanno parte dei sistemi di dissuasione ottici. Molti volatili non riescono a sopportare il disturbo provocato dai continui bagliori e dall'alternanza di luci ed ombre in movimento e preferiscono allontanarsi alla ricerca di luoghi più riparati e tranquilli. Il fastidio è ulteriormente accentuato in presenza di vento, quando le strisce diventano anche rumorose.

In modo analogo agiscono le luci stroboscopiche. Si tratta di dispositivi di forma circolare, simili a quelli in dotazione alle macchine di pronto intervento, da collegare alla rete elettrica oppure dotati di una batteria. I lampi di luce colorata spaventano i volatili in modo silenzioso durante le ore notturne e li inducono a spostarsi. Si utilizzano soprattutto su grandi superfici scoperte come i tetti dei capannoni industriali e degli hangar.

I dissuasori ottici rappresentano un'eccellente soluzione per la protezione di campi e colture, soprattutto se si opera in modo da evitare o ridurre l'assuefazione degli uccelli. Però non sono in genere adatti alle aree urbane. Infatti la presenza di ostacoli e di schermature rende possibile la formazione di zone d'ombra in cui trovano riparo gli uccelli che si desidera allontanare. Inoltre, i raggi luminosi e i bagliori possono risultare fastidiosi anche per le persone.

## Sistemi di dissuasione acustici

Ci sono due tipi di dissuasori acustici: quelli che emettono suoni che riproducono il verso dei predatori o le grida di allarme delle loro prede, e quelli che emettono scoppi simili al rumore di una fucilata. L'intervallo fra due emissioni può essere casuale o fisso. Alcuni sono dotati di sensori crepuscolari, così da entrare in funzione nel momento migliore per allontanare i volatili (in particolare gli storni) dai dormitori e indurli a trasferirsi in zone dove arrecano meno disturbo.

I dissuasori acustici che riproducono i versi degli animali, nonostante la semplicità di impiego, sono consigliabili solo in casi particolari o quale ausilio ad altri impianti di allontanamento. Infatti la loro efficacia viene diminuita dalla presenza di edifici ed elementi architettonici che assorbono e distorcono i suoni e dai rumori di fondo prodotti dalle attività umane. Inoltre, la loro frequenza è tale da poter causare stress e disagio a persone ed animali domestici.

I cannoni a gas (o bombarde), costituiti da una camera di combustione, una lunga canna che amplifica il suono e un basamento per l'ancoraggio a terra, provocano scoppi di un'intensità sonora compresa tra i 100 e i 150 dB, spaventando i volatili. Vengono adoperati in agricoltura per proteggere grandi estensioni, ma il loro uso deve essere limitato ai campi molto distanti dalle abitazioni per il disturbo che arrecano ai residenti. Trovano impiego anche negli aeroporti, perché rappresentano una soluzione al grave problema del bird-strike durante il decollo e l'atterraggio degli aerei.

Sono da evitare, invece, i dissuasori a ultrasuoni, per il disagio che provocano a cani e gatti e perché le frequenze realmente efficaci sono pericolose anche per gli esseri umani, comportando in taluni casi degradazione del DNA, riduzione della riproduzione cellulare ed emolisi.

## Sistemi di dissuasione meccanici

Le limitazioni di impiego dei dissuasori ottici e sonori in ambito urbano inducono a preferire in questi contesti i sistemi di dissuasione meccanici.

Il più semplice è rappresentato dalle reti anti-intrusione: ancorate tramite una corda all'edificio, sono dispositivi in grado di impedire ai volatili l'accesso ai cortili interni e ai sottotetti.

I dissuasori ad ago vanno incollati sulle superfici da proteggere, preventivamente pulite. Le punte evitano che davanzali, cornicioni, grondaie, capitelli ecc. vengano utilizzati come posatoi e sono arrotondate in modo che l'animale non possa ferirsi. Questo sistema si adatta a tutti i tipi di superficie, è economico e facile da installare e non richiede manutenzione, ma può rivelarsi insufficiente quando il numero dei volatili è molto alto o in presenza di nidi.

I dissuasori a filo sono costituiti da fili in acciaio con diametro 0,7 mm, rivestiti di polietilene. Vengono tesi orizzontalmente sopra le superfici da proteggere (davanzali, cornicioni, grondaie, corrimano) e sostenuti da montanti dotati di piccole molle. In questo modo il filo risulta teso, ma rimane elastico. La sua instabilità induce i volatili a evitarli e a preferire altri posatoi.

## Riepilogo degli usi più frequenti

**IN CASA**

*Zanzariere* per evitare l'ingresso di zanzare e insetti volanti
*Dissuasori meccanici* per allontanare piccioni e gabbiani

**NEL GIARDINO O SUL BALCONE**

*Recinzioni* contro la intrusione di mammiferi
*Dissuasori meccanici* per allontanare piccioni e gabbiani

**NELL'ORTO**

*Recinzioni* contro l'intrusione di mammiferi
*Reti antinsetto* nei tunnel per il controllo della piralide
*Coperture parapioggia* per il controllo della peronospora del pomodoro e della muffa grigia della fragola
*Spaventapasseri* per il controllo degli uccelli

CAPITOLO 7

# Prodotti fitosanitari microbiologici

# CAPITOLO 7

# Prodotti fitosanitari microbiologici

*I fitofarmaci utilizzabili in agricoltura biologica possono essere distinti in prodotti microbiologici e in prodotti di origine vegetale o minerale.*
*I prodotti fitosanitari microbiologici non sono tossici per l'uomo e i mammiferi e, di solito, hanno una tossicità limitata anche verso invertebrati diversi dall'organismo bersaglio.*
*L'impiego di virus, batteri e funghi per la difesa delle piante si è diffuso notevolmente negli ultimi anni, tuttavia la loro quota di mercato è ancora molto ridotta, rappresentando solo lo 0,5% del mercato europeo degli agrofarmaci. È opportuno anche evidenziare che un solo organismo (il Bacillus thuringiensis) rappresenta l'80% delle vendite di prodotti microbiologici.*
*Le schede presentano i prodotti microbiologici più diffusamente utilizzati (generalmente perché più efficaci) per la difesa delle piante, ma altri organismi e altri ceppi sono in fase di studio e potrebbero dimostrarsi adatti e indicati per la difesa da alcuni parassiti, anche in tempi brevi.*
*Le schede permettono di conoscere meglio questi prodotti, ma non possono in alcun modo sostituire l'etichetta o la scheda tecnica.*

## Ampelomyces quisqualis

**NOTIZIE GENERALI** *Ampelomyces quisqualis* è un fungo parassita di varie specie di oidio. È presente in natura e non è manipolato geneticamente. Le prime applicazioni di lotta biologica all'oidio con questo micoparassita risalgono al 1932.

**IMPIEGO** Si usa per il controllo dell'oidio della vite, delle Cucurbitacee, delle Solanacee, della fragola e della rosa, intervenendo quando l'infezione è limitata (meno del 3% di foglie attaccate) ed eseguendo, di solito, 2 trattamenti a distanza di 7-10 giorni. I trattamenti potenziano le popolazioni naturali già presenti nell'ambiente arricchendole fino a livelli tali da garantire il contenimento della malattia.
Gli interventi si eseguono nelle prime ore del mattino o nelle ore serali, perché è necessario che l'umidità relativa sia almeno al 60% per assicurare la germinazione e l'insediamento di *A. quisqualis* sulla vegetazione.
La miscela va impiegata lo stesso giorno della preparazione, perché le spore possono perdere vitalità se lasciate in sospensione per più di 12 ore. Non va impiegato nei 5 giorni successivi a un trattamento eseguito con zolfo.

**MODALITÀ D'AZIONE** I tubetti germinativi di *A. quisqualis* penetrano all'interno delle ife dell'oidio parassitizzandolo e crescendo indipendentemente dalle condizioni ambientali esterne; ciò determina la cessazione dello sviluppo e la morte dell'oidio.

**DOSAGGIO** La dose di impiego cambia con la tempistica dell'intervento e con la pianta trattata. Bisogna quindi seguire le indicazioni dell'etichetta.

**NOTE** Il prodotto commerciale contiene spore vitali del fungo. Si mantiene stabile per oltre 24 mesi alla temperatura di 4-5°C e per un anno se conservato a 20-21°C e al buio.

La conservazione non è assicurata dopo l'apertura della confezione.

REPERIBILITÀ In Italia è attualmente registrato un solo formulato a base di *A. quisqualis* acquistabile presso rivenditori specializzati in agricoltura biologica oppure online.

EFFICACIA Le prove condotte hanno mostrato che *A. quisqualis* è particolarmente efficace a basse temperature e contro le forme svernanti dell'oidio.

## Bacillus thuringiensis

NOTIZIE GENERALI Il *Bacillus thuringiensis* (B.t.) è un batterio caratterizzato dalla presenza di un cristallo proteico contenente una tossina attiva nei confronti di numerose specie di insetti. Questa attività insetticida è stata scoperta nei primi anni del '900 e i primi formulati commerciali furono disponibili negli anni '50 e '60.

Ogni ceppo di B.t. è attivo contro uno specifico gruppo di insetti. Sono quattro i ceppi commercializzati da tempo con successo:

- ***kurstaki***, attivo sui lepidotteri, in particolare la tignoletta della vite , i tortricidi ricamatori, la anarsia e Tuta absoluta;
- ***aizawai***, attivo sui lepidotteri, in particolare i nottuidi e le cavolaie;
- ***tenebrionis***, attivo contro la dorifora della patata;
- ***israeliensis***, attivo contro le zanzare.

IMPIEGO Si impiega contro le larve degli insetti bersaglio, avendo cura di bagnare bene la coltura per assicurarsi che i parassiti ingeriscano una sufficiente quantità di tossine. Per migliorare l'efficacia del prodotto è utile:

- stimolare l'alimentazione delle larve aggiungendo zucchero alla miscela insetticida;
- utilizzare acqua con un pH pari a 6,5-7, eventualmente provvedendo a correggere tale valore aggiungendo aceto alla miscela.

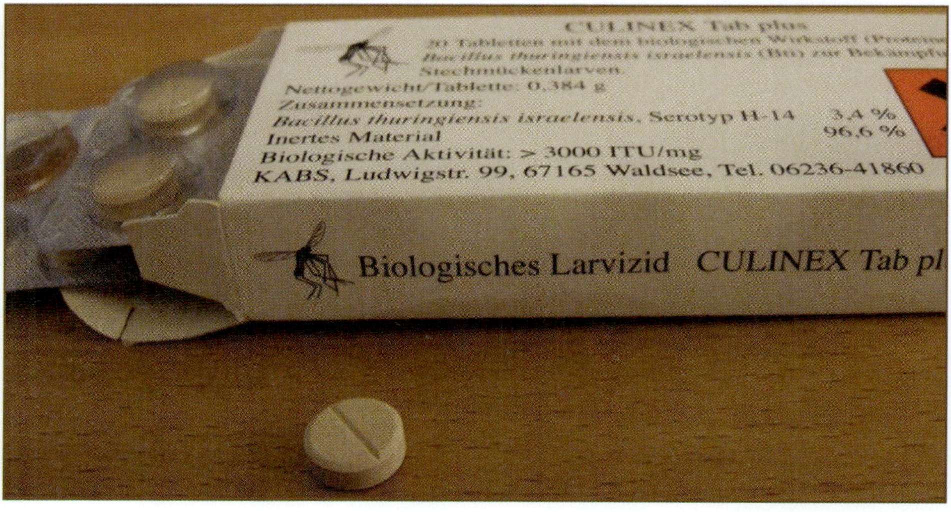

Il B.t. è molto attivo su larve nei primi stadi di sviluppo, pertanto è fondamentale stabilire con attenzione il momento di applicazione. La scelta può essere fatta monitorando l'insetto grazie all'impiego di trappole a feromoni o a controlli visivi in campo oppure alle informazioni fornite dai modelli previsionali e diffuse con i bollettini fitopatologici.
I trattamenti vanno ripetuti ogni 5-7 giorni fino a quando sono presenti sulle coltura larve giovani del parassita. B.t. è attivo per circa una settimana, ma temperature alte associate a una elevata umidità dell'aria riducono la persistenza del prodotto.
È opportuno irrorare le piante alla sera quando i raggi UV, che disattivano rapidamente il B.t., sono meno intensi e utilizzare la miscela insetticida subito dopo la sua preparazione .
I prodotti a base di B.t. non possono essere miscelati con prodotti a reazione alcalina come calce e poltiglia bordolese.

MODALITÀ D'AZIONE il B.t. agisce, solamente per ingestione, sulle larve degli insetti. Si comporta come un veleno e non ha bisogno di riprodursi all'interno dell'organismo ospite. Il cristallo proteico si scioglie a contatto con i succhi digestivi dell'ospite e libera la tossina, che paralizza i muscoli dell'apparato digerente. L'insetto smette quasi subito di alimentarsi per poi morire entro 2 o 3 giorni .
B.t. è più efficace contro le larve ai primi stadi di sviluppo perché:
- la dose necessaria per ucciderle è più bassa;
- le giovani larve sono più voraci in rapporto al loro peso.

DOSAGGIO La dose di impiego cambia in base al momento di intervento e alla pianta trattata. Bisogna quindi seguire le indicazioni dell'etichetta, tenendo conto che quelle minime sono efficaci solo quando le larve sono appena sgusciate.
Lo zucchero viene aggiunto alla dose di 1 kg/hl (10 g/l)

NOTE I prodotti a base di B.t., in particolare le formulazioni liquide, riducono la loro efficacia con lo stoccaggio. Vanno conservati in locali freschi, asciutti e senza luce solare diretta al massimo per due anni.
Negli ultimi anni sono stati segnalati fenomeni di resistenza ai trattamenti con B.t. Tali fenomeni sono stati messi in correlazione soprattutto con l'impiego di piante OGM in grado di produrne la tossina.

REPERIBILITÀ Sono numerosi i formulati commerciali autorizzati in Italia, la maggior parte non è classificata come pericolosa per la salute, ma alcuni sono considerati irritanti.
B.t. è acquistabile presso rivenditori di fitofarmaci, soprattutto quelli specializzati in agricoltura biologica, oppure online.

EFFICACIA L'efficacia del B.t. è stata confermata da innumerevoli studi e prove di campo condotti in tutto il mondo. Le ricerche sono arrivate anche a definire la minore o maggiore efficacia di ciascuno dei formulati in commercio sul singolo parassita.

## Beauveria bassiana

**NOTIZIE GENERALI** *Beauveria bassiana* è un fungo cosmopolita individuato nel 1834 come causa di una grave malattia del baco da seta. In seguito si scoprì che il fungo può attaccare oltre 700 specie di artropodi e colpire anche insetti parassiti delle colture agrarie.

I diversi ceppi di *B. bassiana* sono più o meno attivi contro determinati gruppi di insetti. Quelli in commercio, presenti in natura e non manipolati geneticamente, agiscono contro afidi, aleurodidi, tripidi e acari.

**IMPIEGO** *B. bassiana* si impiega per la difesa di frutticole, orticole e ornamentali da afidi, aleurodidi e tripidi. È attivo anche contro le uova e le forme giovanili del ragnetto giallo.

Si distribuisce con bassi livelli di infestazione nelle ore serali o nelle prime ore del mattino, in quanto le alte temperature e l'esposizione ai raggi UV diminuiscono notevolmente e rapidamente l'infettività e la vitalità del microorganismo fungino.

È preferibile evitare di miscelare *B. bassiana* con i fungicidi. Anzi, è opportuno accertarsi che nell'apparecchiatura usata per la distribuzione non siano presenti residui di fungicidi utilizzati in precedenti trattamenti, e distanziare la distribuzione di almeno tre giorni da interventi con fungicidi.

Bisogna curare bene la bagnatura della vegetazione anche perché una buona reidratazione del prodotto agevola la germinazione dei conidi quando giungono a contatto con la vittima.

Di solito si preferisce eseguire due-tre trattamenti ravvicinati e ripetere il trattamento in caso di forti piogge.

*B. bassiana* può essere fitotossico su alcune varietà di pero e su alcune piante ornamentali.

**MODALITÀ D'AZIONE** *B. bassiana* agisce per ingestione e per contatto, infatti penetra attivamente nel corpo degli artropodi attraverso la cuticola, l'apparato boccale o altre aperture.

Se l'ambiente esterno è abbastanza umido, le spore del fungo a contatto con l'insetto germinano, penetrando nella vittima mediante una combinazione di azioni meccaniche ed enzimatiche. Lo sviluppo successivo del fungo all'interno dell'insetto è accompagnato da produzione di tossine e da perdita d'acqua e nutrienti. Generalmente determina la morte della vittima in 3-5 giorni.

**DOSAGGIO** La dose di impiego cambia a seconda del momento dell'intervento, dell'insetto bersaglio e della pianta trattata. Bisogna quindi seguire le indicazioni dell'etichetta.

**NOTE** I ceppi in commercio di *B. bassiana* possono essere tossici verso gli organismi acquatici.

I prodotti commerciali si conservano da 6 mesi a 2 anni secondo le modalità di stoccaggio e la loro formulazione.

**REPERIBILITÀ** In Italia sono attualmente registrati 4 formulati a base di *B. bassiana* che differiscono fra loro per il dosaggio e le modalità di conservazione e applicazione.

## Coniothyrium minitans

**NOTIZIE GENERALI** *Coniothyrium minitans* è un fungo comunemente presente in natura, parassita dei funghi del genere *Sclerotinia*, a loro volta parassiti di molte colture orticole.

Il microorganismo agisce sopratutto sugli sclerozi di *S. sclerotiorum*, mentre è meno efficace verso gli sclerozi di S. minor.

**IMPIEGO** Si impiega per prevenire attacchi di *Sclerotinia* a colture suscettibili (in particolare la lattuga) in terreni dove il carico del patogeno è elevato.

Deve essere applicato sui residui della vegetazione al termine del ciclo colturale precedente oppure 2-3 mesi prima dell'eventuale attacco, in modo da lasciargli il tempo sufficiente per devitalizzare gli sclerozi di *Sclerotinia*.

Il trattamento si esegue nelle ore serali evitando miscele con fungicidi e lavorando subito dopo il terreno per incorporare meglio le spore del fungo.

**MODALITÀ D'AZIONE** Agisce se il suolo è umido e la temperatura è compresa tra 5 e 25°C, parassitizzando gli sclerozi, cioè gli organi di conservazione del genere *Sclerotinia*. Penetra in essi attraverso rotture già presenti sugli sclerozi o per lisi delle cellule corticali. In seguito le ife di *C. minitans* proliferano fino alla sporulazione che fornisce l'inoculo richiesto per ulteriori infezioni. Le sue spore possono persistere negli sclerozi disintegrati per almeno 1 anno.

**DOSAGGIO** Si utilizzano da 2 a 4 kg/ha di formulato commerciale.

**NOTE** Il formulato commerciale contiene spore vitali di *C. minitans* e va conservato in luogo fresco e asciutto al massimo 10-12 gg., oppure per 6 mesi in frigorifero a 4-5°C. In congelatore (-20°C) può conservarsi anche per due anni.

**REPERIBILITÀ** Attualmente in Italia è registrato un solo prodotto a base di *C. minitans*. Può essere acquistato presso i rivenditori specializzati in agricoltura biologica oppure online.

**EFFICACIA** I risultati ottenuti nel controllo della Sclerotinia non sono sempre costanti, perché fortemente influenzati dalle condizioni climatiche che si verificano dopo la sua applicazione.

L'uso più sicuro e frequente è quindi nelle colture protette, dove è più facile garantire condizioni favorevoli allo sviluppo di *C. minitans*.

In agricoltura biologica la necessità di utilizzo di questo prodotto è sporadica e limitata ad alcuni casi eccezionali; la concimazione organica e la pratica degli avvicendamenti colturali sono generalmente sufficienti ad evitare i danni da *Sclerotinia*.

## Trichoderma spp.

**NOTIZIE GENERALI** I funghi del genere *Trichoderma* sono considerati tra i principali componenti della microflora del suolo. Agiscono come antagonisti di diversi funghi patogeni delle colture, in particolare quelli tellurici, anche perché sono caratterizzati da un veloce accrescimento e da una rapida colonizzazione del suolo.

L'azione antagonista dei *Trichoderma* è influenzata da diversi fattori abiotici (natura del suolo o del substrato di crescita, disponibilità di nutrienti, pH, temperatura, salinità, radiazione solare, umidità) e biotici (natura dell'organismo bersaglio e della pianta ospite, presenza nel suolo di predatori, parassiti o microorganismi antagonisti).

I formulati commerciali contengono ceppi di tre specie di *Trichoderma*: *T. harzianum*, *T. asperellum* e *T. gamsii.*

**IMPIEGO** Si usa per la prevenzione di funghi parassiti dell'apparato radicale come *Rhizoctonia, Sclerotinia, Sclerotium, Pythium, Fusarium, Phytophthora, Verticillium, Thielaviopsis, Armillaria mellea* ecc. È stata anche accertata la capacità di ridurre lo sviluppo delle aflatossine nel mais quando viene distribuito in pre-semina.

Non ha un'azione curativa, quindi la sua applicazione non porta benefici se l'infezione è già corso.

Si impiega quando il terreno presenta squilibri nella microflora naturale, spesso in seguito a trattamenti termici (consentiti in agricoltura biologica) o chimici (vietati in agricoltura biologica). Il suo uso riduce la capacità di ricolonizzazione del suolo da parte dei funghi patogeni.

*Trichoderma* si può distribuire al suolo con una pompa a spalla, con una macchina per il diserbo oppure attraverso l'impianto di irrigazione (fertirrigazione).

L'applicazione di *Trichoderma* favorisce lo sviluppo dell'apparato radicale delle piante e ha la conseguenza di migliorarne lo stato vegetativo e di assicurare una maggiore uniformità nella coltura.

Il prodotto si utilizza, preferibilmente da solo, prima di iniziare la coltivazione e quando la temperatura del terreno ha raggiunto almeno 10°C.

Una leggera irrigazione migliora l'efficacia dell'intervento, soprattutto se il terreno è secco. È meglio eseguire il trattamento nelle ore serali per evitare che i raggi UV rendano inattive le spore.

**MODALITÀ D'AZIONE** Agisce principalmente come antagonista grazie alla rapidità con cui riesce a colonizzare il suolo e in particolare la rizosfera (cioè la parte di suolo vicina all'apparato radicale), impedendo lo sviluppo di altri funghi, soprattutto i patogeni tellurici.

Le modalità di azione differiscono a seconda del ceppo impiegato, ma si possono ricondurre a due effetti principali: la produzione di sostanze che arrecano danni agli altri funghi e la capacità di utilizzare rapidamente le sostanze nutritive e lo spazio disponibili.

In alcuni casi *Trichoderma* è in grado di attivare i meccanismi di autodifesa delle piante.

Ogni specie e ogni ceppo di *Trichoderma* ha caratteristiche specifiche: può essere più efficace nel contrastare un certo patogeno, adattarsi meglio alle condizioni particolari di un terreno, svilupparsi a temperature differenti ecc.

DOSAGGIO Esistono numerose formulazioni a base di *Trichoderma*, quindi è indispensabile fare riferimento alle dosi indicate in etichetta.

NOTE Le confezioni devono essere conservate seguendo le indicazioni riportate in etichetta.

REPERIBILITÀ Può essere acquistato presso i rivenditori specializzati in agricoltura biologica oppure online.

EFFICACIA Anche se di solito l'attività in pieno campo risulta essere inferiore a quella dimostrata in ambiente controllato, esistono numerosi studi che hanno verificato l'efficacia di *Trichoderma* nel controllo di alcune patologie e nell'assicurare un migliore sviluppo alle piante coltivate.
In agricoltura biologica la necessità di utilizzo di questo prodotto è sporadica e limitata ad alcuni casi eccezionali; la concimazione organica e la pratica degli avvicendamenti colturali sono generalmente sufficienti ad evitare i danni provocati dai patogeni tellurici.

## Riepilogo degli usi più frequenti

IN CASA

Nessuno

NEL GIARDINO O SUL BALCONE

*Beauveria bassiana* per il controllo degli afidi, degli aleurodidi e dei tripidi
*Bacillus thuringiensis kurstaki* per il controllo delle processionarie sulle piante ornamentali
*Ampelomyces quisqualis* per il controllo dell'oidio sulle rose e altre ornamentali

NELL'ORTO

*Beauveria bassiana* per il controllo degli afidi
*Ampelomyces quisqualis* per il controllo dell'oidio sulle Cucurbitacee
*Bacillus thuringiensis aizawai* per il controllo delle nottue e delle cavolaie
*Bacillus thuringiensis tenebrionis* per il controllo della dorifora
*Bacillus thuringiensis kurstaki* per il controllo di *Tuta absoluta*

CAPITOLO **8**

# Organismi utili

CAPITOLO 8

# Organismi utili

*Con lotta biologica si intende l'impiego di organismi viventi finalizzato a limitare le popolazioni di altri insetti considerati dannosi. Le specie utilizzate sono i loro nemici naturali, predatori o parassiti.*

*Si possono distinguere tre tipi di lotta biologica:*

1. *conservazione e incremento dei nemici naturali;*
2. *insediamento di nuove specie utili;*
3. *lancio periodico di organismi utili.*

## Conservazione e incremento dei nemici naturali

Al fine di limitare i danni provocati alle piante dai parassiti, è fondamentale la gestione delle aree non coltivate, che deve essere considerata una vera e propria tecnica di lotta biologica. Tali zone, se sono gestite con oculatezza, possono favorire la conservazione e l'incremento degli organismi utili:

- aumentandone le performances (per esempio aumentando la loro fecondità o longevità);
- modificando il loro comportamento per aumentare la loro capacità di ricerca;
- fornendo protezione da condizioni ambientali avverse;
- costituendo un'area di rifugio nei periodi in cui le colture non forniscono cibo sufficiente.

Fra queste aree, grande importanza assumono le siepi campestri: uno spazio vitale essenziale per molti insetti e altra fauna. Numerosi studi hanno verificato la correlazione positiva fra la presenza di siepi e il numero di insetti predatori dei parassiti presenti in un campo.

Anche i fossi e le aree limitrofe alle zone umide

sono luoghi che offrono ospitalità a molti animali. Per questo motivo si dovrebbero evitare i tagli regolari della vegetazione che si sviluppa lungo i fossi, limitandosi a intervenire solo a partire da agosto, cioè dopo il periodo di cova degli uccelli.

Lasciar crescere in prossimità dei campi piante spontanee crea le condizioni perché moltissime specie utili possano trovare un rifugio. In alcuni studi effettuati sulla fauna presente sulle ortiche sono state individuate 166 specie di artropodi (insetti e ragni), di cui oltre il 40% sono nostri alleati (51 sono predatori e 18 parassiti dei patogeni) nella lotta contro i parassiti dannosi per le nostre coltivazioni.

Fra gli interventi attivi di conservazione e incremento degli organismi utili non si possono dimenticare l'installazione e la creazione di nidi artificiali per uccelli e mammiferi insettivori. Ma è possibile realizzare anche rifugi invernali per predatori di afidi come le crisope e le forficule (o forbicine), lasciando in campo dei recipienti colmi di paglia.

## Insediamento di nuove specie

Molti insetti dannosi sono importati, provengono cioè da aree diverse rispetto a quelle dove provocano i danni.

Tra la fine dell'800 e l'inizio del '900, la cocciniglia cotonosa (*Icerya purchasi*), un fitofago che colpisce gli agrumi, si diffuse dall'Australia all'America e all'Europa. Le prime infestazioni furono così devastanti da far temere di dover abbandonare la coltivazione degli agrumi in zone vocate alla produzione. Ma nei paesi d'origine, la cocciniglia cotonosa era considerata un insetto pressoché innocuo, così gli entomologi statunitensi cercarono di identificare i suoi nemici naturali. Tra questi, trovarono una coccinella, la *Rodolia cardinalis*, che una volta introdotta negli ambienti di nuova diffusione della cocciniglia fu in grado di acclimatarsi bene e di contrastare efficacemente lo sviluppo dell'insetto dannoso.

Si consolidò così l'idea che una specie importata diventa dannosa perché la sua popolazione cresce rapidamente in assenza di nemici naturali. L'introduzione nel nuovo ambiente colonizzato dei suoi nemici naturali (in particolare di predatori o parassiti specifici, per evitare il più possibile interazioni con altre popolazioni) può rappresentare una soluzione duratura al problema quando l'insetto utile riesce ad acclimatarsi nelle nuove zone di colonizzazione del parassita. Così gli esempi che hanno seguito quello della cocciniglia cotonosa sono stati numerosi.

Negli anni '20 l'afide lanigero (*Eriosoma lanigerum*), una specie dannosa per il melo, raggiunse l'Europa dagli Stati Uniti. Quattro anni più tardi fu introdotto anche il suo parassita specifico, l'*Aphelinus mali*, che assicura un ottimo controllo dell'afide nei meleti con un buon equilibrio biologico.

La cocciniglia di San Josè (*Quadraspidiotus perniciosus*) è originaria della Cina, ma giunse in Europa nel 1880 probabilmente dall'America. Questa cocciniglia è polifaga e, fra le piante coltivate, colpisce prevalentemente le Pomacee e le Drupacee, arrecando danno soprattutto agli organi legnosi e ai frutti. Dopo un lungo periodo di acclimatamento, divenne costantemente dannosa negli anni '40 del secolo scorso.

L'introduzione negli anni '50 dell'imenottero parassita *Encarsia* (*Prospaltella*) *perniciosi* ha permesso di limitare fortemente le popolazioni e i danni provocati dalla cocciniglia.

Buoni risultati sono stati ottenuti anche in anni più recenti con l'introduzione di *Neodryinus typhlocybae*, un imenottero parassita specifico di *Metcalfa pruinosa*, un parassita polifago di origine americana giunto in Italia nel 1980.

Il cinipide del castagno (*Dryocosmus kuriphilus*) è originario della Cina ed è stato rinvenuto in Italia per la prima volta nel 2002. Si è diffuso rapidamente causando la perdita delle produzioni e la morte di molte piante di castagno.

Negli anni immediatamente successivi sono avvenuti i primi rilasci in pieno campo di *Torymus sinensis*, un parassitoide che si sviluppa a spese delle larve del cinipide. Questa esperienza ricalca quella del Giappone, dove si sono dovuti

però attendere 10 anni prima di poter constatare un abbattimento significativo della popolazione del cinipide.
Gli interventi di insediamento dei nemici naturali richiedono studi preventivi a lungo termine e una conoscenza approfondita della biologia dei parassiti.
Le introduzioni devono essere pianificate a livello territoriale e con il coinvolgimento delle istituzioni, ma possono assicurare soluzioni definitive e durature, pur richiedendo spesso tempi abbastanza lunghi.

## Lancio periodico di organismi utili

Se l'azione dei nemici naturali autoctoni o insediati è insufficiente al controllo del parassita oppure se gli utili non riescono ad acclimatarsi nel nuovo territorio di diffusione del parassita, è possibile, in determinate condizioni, ricorrere al lancio periodico di insetti, acari e nematodi utili.

## Lancio periodico di insetti e acari

Il lancio di insetti e acari è molto efficace negli ambienti controllati (serre e tunnel) e negli agrumeti.
I prodotti in commercio contengono pupe oppure stadi giovanili o adulti dell'utile e vanno impiegati immediatamente dopo la consegna. Se si rende necessaria la conservazione, questa non deve superare le 18-24 ore e deve avvenire comunque in un luogo fresco.
I tempi di utilizzo di fatto impongono di rifornirsi direttamente dai produttori, acquistando gli organismi che interessano via internet.
I lanci possono essere mirati alla reintroduzione o all'incremento della popolazione dell'utile in un'area più o meno limitata, oppure possono essere rivolti alla risoluzione dei danni. In quest'ultimo caso, i lanci sono eseguiti in maniera preventiva contro i parassiti endemici, mentre contro quelli sporadici sono effettuati solo al comparire dell'insetto bersaglio.
Si possono lanciare sia predatori che parassiti dell'insetto che si intende controllare e il lancio deve essere tempestivo, in modo da colpire la popolazione bersaglio prima che i danni causati superino il limite di tolleranza. Se la popolazione del parassita è già numerosa, l'attività degli utili non è in grado di contenerne le perdite al di sotto della soglia economica di convenienza.
Il lancio va eseguito nelle condizioni ottimali per la sopravvivenza dei nostri alleati (temperatura, organi sui quali effettuare il lancio e soprattutto assenza di pioggia), in modo che possano iniziare la loro attività in tempi rapidi. Le condizioni per la sopravvivenza sono specifiche di ogni insetto e sono indicate nelle etichette delle confezioni in vendita.
Dopo il lancio bisogna evitare l'impiego di insetticidi non selettivi o poco selettivi come il piretro o lo Spinosad. Anche l'uso di zolfo può disturbare l'attività di alcuni utili, riducendone la popolazione o limitando la loro capacità riproduttiva.

## Adalia bipunctata

*Adalia bipunctata* è una coccinella molto diffusa nei nostri habitat.
L'adulto è di colore rosso-arancione con due macchie nere (una per ogni elitra), ma in natura si trovano anche forme nere con macchie rosse. Le larve hanno forma allungata, con il corpo ben distinto in capo, torace e addome e sono provviste di zampe evidenti. Il dorso è grigio scuro con macchie arancioni.
Quando la temperatura supera i 20° C diventa un vorace predatore di afidi: nell'ultima fase di sviluppo larvale, la quarta, arriva a predare oltre 100 afidi al giorno. È una predatrice attiva anche allo stadio adulto.
Come tutte le coccinelle richiede un elevato numero di prede per svolgere al meglio la sua attività, per cui non è adatta ai lanci preventivi.

Le larve sono meno mobili (in natura le uova vengono deposte vicino alle colonie di afidi) e sono adatte a lanci localizzati nei focolai di infestazione. Si impiegano contro gli afidi che colpiscono orticole, fruttiferi, piante ornamentali e da appartamento introducendo 4-10 larve per pianta, in base al livello di infestazione e alle dimensioni della pianta.

**EFFETTI VISIVI** Le colonie di afidi sono eradicate in una settimana circa. Sulla vegetazione si possono osservare adulti, larve e uova di *Adalia*.

**PRINCIPALI UTILIZZI** Si impiega per proteggere orticole, frutticole, floricole e ornamentali dagli afidi.
Gli adulti sono ottimi volatori e si spostano molto rapidamente. L'*Adalia* quindi viene spesso impiegata per favorire una introduzione generalizzata del predatore nelle aree verdi.

## Amblyseius cucumeris

*Amblyseius cucumeris* è un acaro fitoseide.
Il suo corpo è a forma di pera e di colore ialino, piccolo ma molto mobile.
È un predatore di tripidi (*Frankliniella occidentalis, Thrips tabaci* e altri) ma è in grado di utilizzare anche altre fonti di cibo, compreso il polline.
Si sviluppa bene quando la temperatura è fra i 18 e i 20 °C e l'umidità relativa superiore al 65% (se inferiore, la regolare schiusura delle uova risulta frenata).
I lanci si eseguono precocemente, prima della presenza visibile degli insetti bersaglio, puntando sulla capacità di insediamento del predatore anche in assenza di prede.
*Amblyseius cucumeris* si trova in commercio confezionato in flaconi con un materiale disperdente per garantire una distribuzione uniforme, oppure in sacchetti di carta contenenti crusca inumidita così da introdurre sulla coltura un microallevamento in grado di produrre predatori per 4-6 settimane.

In commercio si trovano anche altre specie di *Amblyseius: A. andersoni* e *A. californicus* si usano contro acari (*Tetranychus, Panonychus, Eotetranychus*) ed eriofidi; *A. swirskii* si usa contro gli aleurodidi (*Trialeurodes vaporariorum, Bemisia tabaci* ecc.).

PRINCIPALI UTILIZZI Si utilizza per proteggere colture orticole e ornamentali dai tripidi, ma è attivo anche contro il ragnetto giallo.

## Aphidius colemani e Aphidius ervi

Gli *Aphidius* sono imenotteri autoctoni lunghi 2-3 mm di colore nerastro, provvisti di lunghe antenne.
Le femmine adulte depongono le uova nel corpo degli afidi. Gli afidi parassitizzati vengono divorati dall'interno dalle larve in accrescimento, fino a quando si rigonfiano trasformandosi in “mummie” color bruno-nocciola dalle quali fuoriescono i nuovi adulti di *Aphidius*.
Le femmine hanno un'alta capacità di ricerca e di parassitizzazione degli insetti bersaglio e ognuna di esse origina una progenie di circa 250 individui. Queste caratteristiche rendono possibile intervenire appena si prevede la comparsa di afidi. In caso di infestazioni già in essere è consigliabile accompagnare il lancio di *Aphidius* con quello di un predatore (*Adalia bipunctata o Chrysoperla carnea*).
I lanci si eseguono soprattutto su colture orticole in serra o tunnel, introducendo da 0,5 a 2 individui per metro quadro e ripetendo la distribuzione più volte ogni 2-4 giorni in modo da ostacolare lo sviluppo degli afidi anche nelle condizioni più difficili.
Gli *Aphidius* rallentano la loro attività con temperature superiori a 27-28° C, quindi durante l'estate risultano essere meno efficaci.
Le confezioni in vendita contengono le mummie degli afidi dalle quali si attende lo sfarfallamento degli adulti, ma al momento del lancio possono essere presenti anche individui adulti che vanno lasciati sfarfallare prima di distribuire il contenuto sulle foglie.
*A. colemani* si utilizza contro afidi medio piccoli (*Aphis gossypi, Myzus persicae*), mentre *A. ervi* si usa contro afidoni dei generi *Macrosiphum, Aulacorthum, Acyrthosiphon*.

EFFETTI VISIVI Circa due settimane dopo i primi lanci si vedono i primi afidi parassitizzati. Si riconoscono perché si gonfiano trasformandosi in una coriacea mummia grigia o marrone fornita di un foro rotondo sulla parte dorsale, dal quale è uscito il nuovo adulto di *Aphidius*.

PRINCIPALI UTILIZZI Si utilizzano in serra e in pieno campo per proteggere dagli afidi colture orticole (zucchini, cetrioli, cocomeri, meloni, fragole, peperoni, melanzane, pomodori), frutticole (peschi) e floreali (rose).

## Chrysoperla carnea

*Chrysoperla carnea* è una specie cosmopolita nota anche come crisopa. Gli adulti si nutrono di melata, nettare e polline, hanno un corpo esile di colore verde chiaro con una striscia gialla dorsale. Le antenne sono lunghe quasi come tutto il corpo. Le ali sono trasparenti e iridescenti, riccamente ramificate, a riposo ripiegate a tetto sull'addome.

Le larve sono predatrici prevalentemente di afidi, ma sono in grado di nutrirsi anche di altri insetti ed acari e delle loro uova. Si riconoscono dalla forma dell'apparato boccale con mandibole allungate, acuminate e arcuate verso l'interno. Il corpo è allungato, di colore grigio con tre paia di zampe.

*Chrysoperla carnea* sopporta bene le condizioni ambientali sfavorevoli e gli sbalzi termici, anche se il ritmo di alimentazione è massimo con temperatura di 27° C e umidità relativa compresa fra il 35 e il 75%.

I lanci si eseguono per il controllo degli afidi nelle serre, intervenendo subito dopo aver rilevato la presenza dei parassiti sulla coltura.

Le larve devono essere distribuite sulla vegetazione facendo attenzione a non farle cadere a terra. Il quantitativo di riferimento è 10-20 larve per metro quadrato, ma bisogna distribuirne in maggior numero nelle zone più infestate. Per un intervento efficace è bene che le foglie delle piante in serra si tocchino fra loro.

**EFFETTI VISIVI** Ciò che rimane dall'afide succhiato dalle crisope è difficile da osservare. Invece, si possono notare sulla vegetazione le larve di crisopa e le tipiche uova fornite di un lungo peduncolo.

**PRINCIPALI UTILIZZI** Si utilizza per combattere gli afidi su colture orticole (peperone, fragola, melanzana, pomodoro) e su ornamentali in serra e in pieno campo.

È comunque possibile eseguire anche lanci inoculativi per reintrodurre la crisopa da un ambiente in cui è scomparsa o per incrementare la popolazione naturale. In questo caso il numero di individui da introdurre può essere più basso.

## Encarsia formosa

*Encarsia formosa* è una vespa di piccole dimensioni (meno di 1 mm) con testa e torace neri e l'addome giallo.

La sua popolazione è costituita quasi esclusivamente da femmine che depongono le uova all'interno delle neanidi delle mosche bianche (*Bemisia tabaci* e *Trialeurodes vaporariorum*). Le larve che ne nascono si sviluppano nel corpo della vittima fino ad ucciderla.

I nuovi adulti escono dall'ospite praticando un caratteristico foro circolare.

L'attività di questo insetto si riduce notevolmente quando le temperature scendono sotto i 16° C o salgono sopra i 30° C. Per questo motivo si impiega in serra per il controllo delle mosche soprattutto in primavera.
Le prime esperienze di lotta biologica con *Encarsia formosa* risalgono al 1920.
I prodotti in commercio contengono i pupari degli aleurodidi (mosche bianche) parassitizzati e prossimi allo sfarfallamento. La distribuzione deve avvenire settimanalmente per almeno due-tre settimane, impiegando inizialmente 2-4 individui a metro quadrato e aumentando la dose fino a 15-25 individui quando compaiono gli stadi giovanili dei fitofagi. Gli interventi devono essere ripetuti fino a quando il 90% delle neanidi degli aleuroididi non diventa scuro.
I cartoncini o il materiale inerte contenenti i pupari vanno posti 75-100 cm sotto l'apice delle piante, al riparo dai raggi diretti del sole.

EFFETTI VISIBILI Dopo 2-3 settimane si notano le prime pupe parassitizzate nella coltura. Le pupe di *Trialeurodes vaporariorum* e *Bemisia tabaci* diventano rispettivamente di colore nero e marrone chiaro e presentano il caratteristico foro circolare dopo lo sfarfallamento dell'adulto di *Encarsia*.

PRINCIPALI UTILIZZI Si impiega per la protezione di orticole (melanzana, peperone, pomodoro, cetriolo, melone, fragole) e di ornamentali dagli aleurodidi o mosche bianche (*Trialeurodes vaporariorum* e *Bemisia tabaci*), parassiti tipici delle colture protette.

## Eretmocerus eremicus

*Eretmocerus eremicus* è una piccola vespa di colore giallo con occhi verdastri. Anche questo imenottero, come *Encarsia formosa*, parassitizza gli aleurodidi *Bemisia tabaci* e *Trialeurodes vaporariorum*, ma si adatta meglio alle temperature più elevate e sopporta meglio gli sbalzi termici. È quindi più adatto ad essere utilizzato nelle stagioni e nei climi più caldi.
I sitofagi parassitizzati diventano di colore ambrato e leggermente rigonfi. L'adulto sfarfalla aprendo un foro circolare nell'esoscheletro della vittima.
Le confezioni di questo utile contengono i pupari degli aleurodidi (mosche bianche) parassitizzati e prossimi allo sfarfallamento.
La distribuzione va fatta prima di rilevare la presenza delle mosche

Foglie di pomodoro con le ninfee di mosca bianca (in bianco) parassitizzate da Encarsia formosa (in nero)

bianche, introducendo 1-2 individui per metro quadro per favorire l'insediamento dell'insetto. In caso siano già presenti i parassiti, il numero di individui da introdurre può aumentare fino a 20 al metro quadro.

EFFETTI VISIBILI Dopo 2-3 settimane dal lancio nella coltura si vedono le prime pupe parassitate, riconoscibili per il cambiamento di colore e per il foro circolare dal quale fuoriescono gli adulti.

PRINCIPALI UTILIZZI Si impiega per la protezione di orticole (melanzana, peperone, pomodoro, cetriolo, melone, fragole) e di ornamentali dagli aleurodidi o mosche bianche (*Trialeurodes vaporariorum* e *Bemisia tabaci*), parassiti tipici delle colture protette.

## Orius laevigatus

*Orius laevigatus* è un piccolo insetto lungo 3 mm, dal corpo appiattito di forma ellittica e di colore marrone scuro con le ali più chiare. Gli stadi giovanili sono più chiari e privi di ali.
In tutti gli stadi è un predatore di tripidi, anche se può utilizzare altre fonti di cibo come polline, acari, afidi e altri piccoli insetti.
Anche se molto mobile, ama stazionare vicino ai fiori ed è attivo con temperature comprese fra 15 e 35° C. Il freddo e le giornate brevi favoriscono l'induzione della diapausa[1].
Viene venduto allo stadio adulto quando è più mobile e, grazie alla sua buona capacità di volo, è in grado di colonizzare rapidamente la vegetazione circostante.
È bene effettuare la distribuzione nelle ore fresche della giornata impiegando da 1 a 5 individui per metro quadro.
Sulle colture ricche di polline si può introdurre anche preventivamente, prima della comparsa dei tripidi, per anticipare l'insediamento del predatore sulla coltura.
*O. majusculus*, dalla forma più allungata rispetto ad *O. laevigatus*, si nutre anch'esso di adulti di tripidi e colonizza anche il fusto e le foglie oltre i fiori, pertanto è adatto a colture come il cetriolo e la melanzana, in cui vengono colpiti anche questi organi.

PRINCIPALI UTILIZZI Si utilizza in serra per proteggere peperone, melanzane, fragole e alcune ornamentali dagli attacchi del tripide *Frankliniella occidentalis*. Può essere impiegato anche in pieno campo.

## Phytoseiulus persimilis

*Phytoseiulus persimilis* è un acaro fitoseide dal corpo piriforme, di colore arancio brillante.

1 La diapausa è una forma di dormienza in cui gli insetti arrestano spontaneamente il loro sviluppo per riuscire a superare condizioni ambientali avverse, come quelle invernali.

È un predatore specifico del ragnetto rosso (*Tetranychus urticae*) e questa caratteristica lo rende molto efficace nel controllo di questo parassita, tanto da essere utilizzato nei programmi di lotta biologica in tutto il mondo.

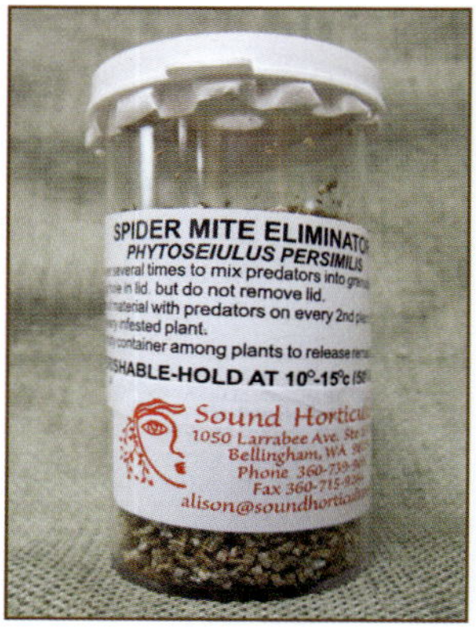

È attivo con temperature inferiori ai 30° C e umidità dell'aria superiore al 60%. Può risultare quindi utile effettuare sulle coltivazioni nebulizzazioni o leggere irrigazioni per aumentare l'umidità e mitigare la temperatura.
Il fitoseide non è in grado di volare, quindi va distribuito in modo uniforme su tutta la foglia e su tutto l'appezzamento. I lanci si eseguono alla comparsa dei primi focolai di infezione e si ripetono se tornano a manifestarsi.
Si utilizzano da 5 a 25 individui per metro quadro, riservando le dosi più alte alle colture più suscettibili e ai lanci eseguiti in condizioni climatiche avverse per il predatore.

**PRINCIPALI UTILIZZI** Si utilizza in serra per proteggere fragole, melanzane, peperoni e Cucurbitacee dal ragnetto rosso. Si può utilizzare anche in pieno campo sulle stesse colture e su alcune ornamentali (rosa, gerbera).

## Lancio periodico di nematodi entomopatogeni

I nematodi sono un *Phylum*[2] animale che raggruppa 12.000 specie, alcune delle quali conducono vita parassitaria. Gli entomopatogeni sono parassiti degli insetti e appartengono principalmente a due specie: *Steinernema* ed *Heterorhabditis*.
Questi nematodi cercano attivamente le loro prede e penetrano al loro interno. Una volta dentro l'ospite rilasciano batteri simbionti che producono tossine in grado di uccidere la vittima in 24-72 ore. Gli insetti uccisi diventano giallo-marroni o rossastri a seconda della specie, seccano e diventano più sottili, ma sono molto difficili da vedere.
L'attività dei batteri trasforma i tessuti dell'ospite in un substrato ideale per lo sviluppo del nematode, che si riproduce generando migliaia di larve infettive, che abbandonano il cadavere dell'insetto in cerca di nuovi ospiti.
I nematodi si trovano in commercio in confezioni che possono essere utilizzate come un normale antiparassitario, ma alcuni accorgimenti rendono la loro applicazione più efficace. È opportuno togliere il filtro dell'atomizzatore, limitare la pressione (massimo 20 bar), mantenere in agitazione la sospensione e impiegare volumi d'acqua abbondanti, circa 13-15 hl/ha.
La vitalità e la mobilità dei nematodi sono significative quando l'umidità è elevata, tanto che i trattamenti si eseguono durante o subito dopo una precipitazione di almeno 5 mm. Queste condizioni garantiscono la presenza di un velo d'acqua sulla vegetazione o nel terreno per un periodo abbastanza lungo da permettere la penetrazione del nematode nell'insetto bersaglio.
Se la stagione idonea al trattamento è secca, è possibile irrigare il suolo, o il substrato di coltivazione in caso di piante in vaso, prima e immediatamente dopo il trattamento e poi mantenere un'e-

2 *Phylum* è un termine utilizzato per riconoscere gruppi di essere viventi. È gerarchicamente inferiore al Regno e superiore alla Classe. Per esempio, l'uomo appartiene al Regno Animale, *Phylum Cordata* (Vertebrati), Classe Mammalia (Mammiferi), Genere *Homo*, Specie *H. sapiens*.

levata umidità per due settimane.
Se il prodotto deve essere utilizzato sulla vegetazione, è possibile utilizzare l'irrigazione sovrachioma prima e subito dopo il trattamento (minimo 2,5 mm di acqua) oppure distribuire con l'atomizzatore almeno 3-4.000 litri di acqua per ettaro.
L'efficacia dell'intervento dipende anche dalla temperatura, che deve essere superiore ai 12-13° C.
I trattamenti devono essere eseguiti nel tardo pomeriggio o la sera, perché i nematodi sono molto sensibili ai raggi ultravioletti e non sopportano l'esposizione alla luce diretta del sole. Inoltre la sera l'umidità è sempre più elevata.
Le confezioni vanno conservate al buio a una temperatura di 2-6° C per 6 settimane al massimo.

## Heterorhabditis bacteriophora

È utilizzato per la lotta alle larve di oziorrinco, che colpiscono le piante ornamentali arbustive, in particolare le acidofile come l'azalea, il rododendro e la camelia, allevate in vaso e di altri insetti terricoli, tra i quali anche la diabrotica.
Gli interventi contro l'oziorrinco si eseguono tra fine marzo e inizio di maggio, e in settembre-ottobre.

## Phasmarhabditis hermaphrodita

I nematodi di questa specie sono distribuiti sul terreno, dove iniziano a cercare attivamente le lumache, invadendone le vie respiratorie e liberando batteri che producono tossine che impediscono alla preda di alimentarsi. In qualche giorno le limacce muoiono e al loro interno si origina una nuova generazione del nematode parassita.
Si sviluppano a temperature comprese tra 5 e 25°C. Il loro ciclo vitale si completa in 14 o 20 giorni.
Le confezioni in commercio vanno conservate in frigorifero a 4-5 °C e devono essere impiegate entro 4 settimane dall'acquisto.

## Steinernema carpocapsae

Questo nematode vive a spese di numerosi insetti. Viene utilizzato soprattutto per il controllo della carpocapsa del melo e del grillotalpa, ma è attivo anche contro i tipulidi, la piralide del bosso e la pulce dei gatti.
I trattamenti contro la carpocapsa si eseguono fra settembre e ottobre per colpire le forme svernanti.
Un ceppo di *S. carpocapsae* è attivo contro due parassiti delle palme di recente introduzione in Europa: il punteruolo rosso (*Rhynchophorus ferrugineus*) e il lepidottero *Paysandisia archon*.
La particolare formulazione di alcuni prodotti commerciali assicura l'attività dei nematodi per alcune settimane anche in condizioni non ottimali.
Nelle aree a rischio si eseguono trattamenti preventivi durante la stagione primaverile-estiva, mentre sulle piante già affette si ripetono almeno 2-3 interventi, avendo cura di irrorare bene il centro della corona, l'inserzione delle foglie e gli stipiti.

## Steinernema feltiae

Questo nematode è utilizzato per il controllo biologico di larve di ditteri (sciaridi, phoridae, agromizidi, muscidi) e lepidotteri (nottue, rodilegno, carpocapsa, *Cydia pomonella, Anarsia lineatella, Cydia funebrana*).

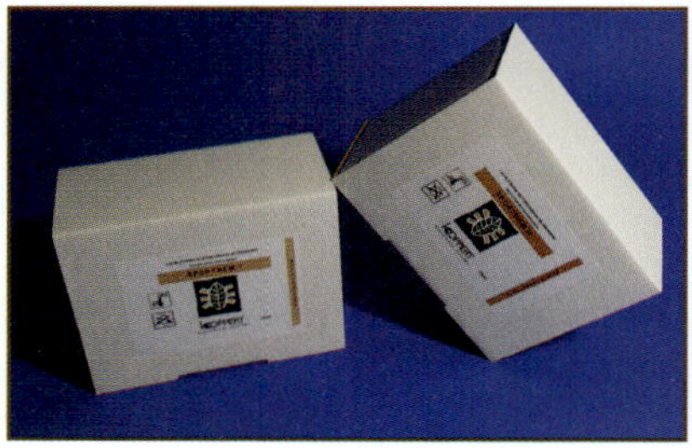

# Riepilogo degli usi più frequenti

**NEL GIARDINO O SUL BALCONE**

*Adalia bipunctata* e *Chrysoperla carnea* per l'incremento della popolazione dei predatori di afidi nelle aree verdi

*Steinernema carpocapsae* per la prevenzione, nelle zone a rischio, dei danni provocati dal punteruolo rosso e da *Paysandisia archon* sulle palme

*Heterorhabditis bacteriophora* per la lotta all'oziorrinco su azalee, rododendri e camelie coltivate in vaso

*Phytoseiulus persimils* in caso di danni provocati dal ragnetto giallo su ortaggi coltivati sul balcone

**NELL'ORTO**

*Phytoseiulus persimilis* per il controllo del ragnetto giallo nelle colture protette

*Orius laevigatus* e *Amblyseius cucumeris* per il controllo dei tripidi nelle colture protette

*Encarsia formosa* e *Eretmocerus eremicus* per il controllo degli aleurodidi nelle colture protette

*Chrysoperla carnea, Adalia bipunctata* e *Aphidius spp*. per il controllo degli afidi nelle colture protette

# Bibliografia e sitografia

## Capitolo 1 e 2

### Bibliografia


E. Accorsi, F. Beldì, *Il mio orto biologico*, Terra Nuova Edizioni, Firenze (2010).

I. Ponti, F. Laffi, *Malattie crittogamiche delle piante ortive. Schede fitopatologiche*, Edizioni L'informatore agrario, Verona (1990).

I. Ponti, F. Laffi, *Fitofagi delle piante ortive. Schede fitopatologiche*, Edizioni L'informatore agrario, Verona (1989).


### Sitografia


www.agraria.org

http://www.agricoltura.regione.campania.it/difesa/fitopatologia/indice_fitopat.htm

http://agricoltura.regione.emilia-romagna.it/fitosanitario/doc/avversita


## Capitolo 3

### Bibliografia


AA.VV., *Guida all'uso corretto dei prodotti fitosanitari,* Regione Piemonte (2010). Disponibile online all'indirizzo: www.regione.piemonte.it/agri/area_tecnico_scientifica/settore_fitosanitario/dwd/guida_fitosanitari.pdf

AA.VV., *Il corretto impiego dei prodotti fitosanitari. Guida al patentino per l'acquisto di prodotti fitosanitari in Emilia Romagna*, a cura di Dinamica, con il finanziamento di Fondo Sociale Europeo, Ministero del lavoro, della salute e delle politiche sociali, Regione Emilia Romagna (2008).

A. Betta, G. Fadanelli, G. Flaim, A. Franchi, M. Lorenzin, L. Mattedi, *Terza rassegna bibliografica su alcuni pesticidi impiegati in Provincia di Trento*, Dipartimento ambiente naturale e difesa del suolo (Provincia di Trento), Artigianelli, Trento (1988).

A. Capella, P. Domenichini, A. Guarnone, F. Jondini, A. Pacini, S. Pedron, G. Pezzini., "Azadiractina: caratteristiche chimico-fisiche, meccanismi d'azione, e attività biologica in esperienze applicative su alcuni fitofagi", in *Giornate Fitopatologiche* (Atti del convegno, Perugia 16-20 aprile 2000), pp. 293-298 (2000). Disponibile online all'indirizzo: fitogest.imagelinenetwork.com/it/giornate-fitopatologiche/2000/


### Sitografia


www.venetoagricoltura.org/upload/pubblicazioni/Guida_prodotti_fito/1_capitolo_br.pdf

agricoltura.regione.emilia-romagna.it/fitosanitario/temi/difesa-e-diserbo/Manuale-basso-impatto%20/documenti/parte-3/08/introduzione

agricoltura.regione.emilia-romagna.it/fitosanitario/temi/difesa-e-diserbo/Manuale-basso-impatto%20/documenti/parte-3/09-prodotti-naturali/capitolo-9-prodotti-naturali-di-origine-vegetale-e-minerale

www.sian.it/biofito/goHomePage.do?

fitogest.imagelinenetwork.com/it/sostanze-attive/

www.agri.marche.it/Aree%20tematiche/ricerca%20e%20sperimentazione/VALUTAZIONE%20EFFICACIA%20COMPOSTI%20RAMEICI/crsa/CRSA_Incontro_Cupramontana_26-11-2008_C.pdf

www.tecpuntobio.it/Documenti/IASMA - dilavamento-efficacia Poltiglia bord.pdf

www.fitosanitario.mo.it/files/6314/1648/4064/ciliegio.atti._Caruso_Mosca.pdf
www.venetoagricoltura.org/upload/pubblicazioni/Forum%20Fito%20025/caruso.pdf
www.freshplaza.it/article/33599/Cedax-presenta-BIOX-M,-antigermogliante-naturale-per-patate
testi-italiani.it/carvone
ec.europa.eu/food/food/chemicalsafety/contaminants/acrylamide/crisps-IT-final.pdf
www.bulletinofinsectology.org/pdfarticles/vol45-1991-129-141pasqualini.pdf
www.informatoreagrario.it/ita/riviste/vitincam/Vic0304/piretro.pdf
www.ccpb.it/blog/2009/10/28/piperonil-butossido-questo-sconosciuto/
www.informatoreagrario.it/ita/dossier/pdf/20047.pdf

## Capitolo 4

### Bibliografia

AA.VV., *Guarire con le erbe. Una farmacia naturale fuori dalla nostra porta*, Demetra srl, Sommacampagna (1993).

P. Masson, *Manuale pratico di agricoltura biodinamica*, Terra Nuova Edizioni, Firenze (2011).

O. Schmid, S. Henggeler, R. Cozzo, *La difesa biologica dell'orto e del frutteto*, Clesav, Milano (1986).

M. Tringale, *Antiparassitari naturali per l'orto e il frutteto*, Demetra, Sommacampagna (1990).

### Sitografia

www.cra-pav.it/bancadatibiologica/pagina.asp?id_pagina=3
www.ambienteterritorio.coldiretti.it/tematiche/Ogm/Documents/concianti%20bio.pdf
www.aipp.it/UserFiles/File/Incontri%20Fitoiatrici%202012/Incontri-fitoiatrici-2012-Spadaro-LopezReyes-Garibaldi-Gullino.pdf
www.labiolca.it/agricoltura-biodinamica/734-lutlizzo-delle-parti-vegetali
isazan.wordpress.com/2012/06/06/antiparassitari-naturali-e-consociazione-di-piante/
www.lemiepiante.it/Rubriche/I-NOSTRI-CONSIGLI/La-DIFESA-NATURALE:-I-fitoterapici-vegetali/ca_11592.html

## Capitolo 5

### Bibliografia

C. Casera, M. Kelderer, E. Lardschneider, "Dimostrata l'efficacia dell'aceto di vino come erbicida naturale", *Vita in Campagna*, 4 (2007).

C. Casera, M. Kelderer, "Uso del bicarbonato di sodio in melicoltura biologica", intervento alle Giornate tecniche SOI "Biostimolanti, corroboranti, induttori di resistenza e micronutrienti nelle colture ortoflorofrutticole", 29-30 maggio 2014, Ancona. Disponibile online all'indirizzo: http://www.cesmi-agraria.univpm.it/giornate_soi_2014/it/content/contributi-degli-autori

S. Benvenuti, M. Stohrer, A. Pardossi, P. Marzialetti, (2012) "Efficacia erbicida in vivaio di un prodotto a base di aceto", *L'informatore agrario*, 25 (2012).

M. Bonanzinga, P. Braccini, R. Martellucci, G. Nardi, "Prove di lotta contro l'oidio in viticoltura biologica", *Giornate Fitopatologiche* (Atti del convegno, Cervia (RA), 9-12 marzo 2010), pp. 331-338 (2010).

A. Garibaldi, A.L. Gollino, A. Minuto, G. Minuto, "Prove di lotta al mal bianco dello zucchino", *Giornate Fitopatologiche* (Atti del convegno, Scicli e Ragusa 3-7 maggio 1998), pagg. 655-660 (1998).

P. Masson, *Manuale pratico di agricoltura biodinamica*, Terra Nuova Edizioni, Firenze (2011).

### Sitografia

www.cra-pav.it/bancadatibiologica/scheda_dettaglio.asp?id_principioattivo=50&id_categoria=10
www.ccpb.it/blog/2013/05/06/corroboranti-agricoltura-biologica/
www.sian.it/biofito/goHomePage.do?tab=1&numAccessi=4697&dataAggDB=15/12/2014
www.ismea.it/flex/AppData/Redational/Normative/pubnaz/20010110000100005.pdf
www.oekolandbau.de/fileadmin/redaktion/oeko_lehrmittel/Berufsschulen_Agrarwirtschaft/Gartenbau/gb_modul_b/gb_b_06/gbmb06_04neu_01.pdf
www.agri.marche.it/Aree%20tematiche/ricerca%20e%20sperimentazione/VALUTAZIONE%20EFFICACIA%20COMPOSTI%20RAMEICI/1%C2%B0%20ANNO/Rendicontazione%20risultati.pdf
www.tecpuntobio.it/Documenti/abstract%20tingide%20Caruso%20Vergnani.pdf
www.laimburg.it/de/obstbau/1043.asp?somepubl_action=300&somepubl_image_id=191314.
www.envirochange.eu/download/free_publications/peronospora_2nd_ed_interno.pdf
www.interbio.it/share/integra_files_lib/files/AlternativeKelderer.pdf
www.labiolca.it/agricoltura-biodinamica/2075-luso-delle-argille-in-agricoltura
www.labiolca.it/agricoltura-biodinamica/1615-pasta-per-tronchi
www.biodinamica.org/2012/12/la-pasta-per-tronchi/

## Capitolo 6

### Trappole

### Bibliografia

G. Borelli, "Trappole a feromoni", *Bollettino fitosanitario*, a cura del Servizio Fitosanitario Cantonale, Bellinzona (CH), 25 (2009). Disponibile online all'indirizzo: http://www4.ti.ch/dfe/de/sa/comunicati/bollettino-fitosanitario/
A. Servadei, S. Zangheri, L. Masutti, *Entomologia generale e applicata*, CEDAM, Padova (1972).

### Sitografia

www.sinab.it
www.agraria.org
www.venetoagricoltura.org/upload/File/erbacee_bollettino/METODO%20DI%20VALUTAZIONE%20PRESENZA%20DELLE%20LARVE%20DI%20ELATERIDI.pdf
www.agrinnovazione.regione.sicilia.it/reti/Agrumicoltura/progetti_di_ricerca/mosca_frutta.html
agricoltura.regione.emilia-romagna.it/fitosanitario/doc/avversita/avversita-per-nome/immagini-e-documenti/moscerino-della-frutta/il-moscerino-dei-piccoli-frutti
agronotizie.imagelinenetwork.com/articolo.cfm?idArt=3979
www.aipp.it/UserFiles/File/GiornateFitopatologiche2012/Molinari-Schiaparelli-Feromoni-giornate-fitopatologiche-2012.pdf
www.ssnr.it/29-20.pdf
www.tutaabsoluta.it

### Sistemi di protezione

### Bibliografia

M. Kelderer, D. Gramm D, J. Kienzle, "Neues aus der Forschung zum ökologische Obstbau", Obstbau Weibau, 9, pgg. 299-302 (2010).
D. Mettler, N. Koller, M. Obermann, Recinzioni di protezione, Agridea, Losanna (2006).

M. Pellegrini, A. De Ascentiis, Prevenire è meglio che uccidere. Difendere le colture dagli animali selvatici, Riserva naturale regionale guidata OASI WWF "Calanchi di Atri", 2014, disponibile online all'indirizzo: http://www.riservacalanchidiatri.it/internal.asp?category_name=Progetto%20agricoltura%20e%20prevenzione&cat_id=55
F. Santilli, S. Azara, L. Galardi, L. Gorreri, A. Perfetti, *Un nuovo metodo ecologico per la prevenzione dei danni da uccelli alle colture agricole*, Quaderno ARSIA 4, Firenze (2004).
G. Sévérac, L. Romet, "Alt'Carpo, una rete contro la carpocapsa del melo", *L'informatore Agrario*, 43, pgg. 47-49 (2008).

## Sitografia

www.arsia.toscana.it/pdf/avi.pdf
www.protezione-animali.com/pubblicazioni/animali_selvatici/infothek/mb_recinzioni.pdf
www.agenter.it/pdf/fuorilafauna.pdf
www.ecologia-urbana.com/aviproblem_01.htm
www.raptus.it/2014/02/analisi-valutativa-dei-diversi-sistemi-di-dissuasione-per-lallontanamento-dei-piccioni/
www.grupposgd.it/dissuasione-allontanamento-volatili/
www.grupposgd.it/dissuasione-allontanamento-volatili/sistemi-ottici-acustici/

# Capitolo 7

## Bibliografia

M. Benuzzi, G. Baldoni, "AQ 10, nuovo biofungicida a base di *Ampelomyces quisqualis* contro l'oidio della vite", *L'informatore fitopatologico*, 5, pp. 33-36 (2000). Disponibile online all'indirizzo: http://www.ismea.it/flex/AppData/Redational/Normative/pubnaz/20020315000100267.pdf
A. D'Elia, R. Roberti, A. Brunelli, A. Cesari, "Impiego di microorganismi fungini su seme di pisello per il contenimento di Fusarium solani f.sp. Pisi", *Atti Giornate Fisiopatologiche*, pp.661-666 (1998). Disponibile online all'indirizzo: http://www.ismea.it/flex/AppData/Redational/Normative/pubnaz/20010111000100019.pdf
S. Gengotti, "Lattuga: come contenere il marciume del colletto", *Agricoltura* (rivista della Regione Emilia Romagna), luglio-agosto 2006, pp. 80-81 (2006). Disponibile online all'indirizzo: http://agricoltura.regione.emilia-romagna.it/

## Sitografia

www.sian.it/biofito/goHomePage.do?
www.condifesabrescia.it/wp-content/uploads/2014/03/Incontro-Frutticoltura_Pollini.pdf
www.cnr.it/istituti/FocusByN.html?cds=094&nfocus=4
www.agrinnovazione.regione.sicilia.it/reti/Orticoltura/progetti_di_ricerca/progetto_pio/html/doc/Comiso_Pre_IT/05_BENUZZI_Pre_IT.pdf
www.venetoagricoltura.org/upload/Aziende%20Aperte%20Protocolli%20Aperti%202013/6%20febbraio%202013/MICOTOSSINE.pdf
www.cracin.it/giornatainnovazione/posters/Galletti_POSTER.pdf
agronotizie.imagelinenetwork.com/difesa-e-diserbo/2011/11/10/il-trichoderma-vola-sul-web/14342
www.agricoltura24.com/botrite-il-ruolo-emergente-degli-antagonisti/0,1254,98_ART_8614,00.html
www.freshplaza.it/article/52087/Le-schede-IBMA-Trichoderma,-quando-il-controllo-biologico-si-sposta-nel-suolo
www.tecpuntobio.it/Documenti/vitebio_relazione_04_Minore%20suscettibilita%20-%20Di%20

Marco%20Osti.pdf
www.grimpp.it/Documenti/Presentazioni%20V%20Giornate/Sessione%20IV/Simoni.pdf

# Capitolo 8

## Bibliografia

J.M. Franz, A. Krieg, *La lotta biologica*, Edagricole, Bologna (1976).

## Sitografia

fitogest.imagelinenetwork.com
www.agraria.org/entomologia-agraria/
ita.arpalombardia.it/ita/specie_aliene_invasive/FILE/Metcalfa_Lombardia.pdf
www.provincia.bz.it/agricoltura/frutti-viticoltura/cinipide-castagno.asp
www.tecpuntobio.it/bollettino.php?p=1&id=261
bioplanet.it/
www.verdepieno.com

## Crediti fotografici:

*www.istockphoto.com*: foto pag. 7, 63, 103, 104, 105, 106, 106, 108, 109, 110, 114, 116, 117, 118, 120, 121.

*www.bugwood.org, gli autori:*

*Charles Averre*, North Carolina State University: foto pag. 19.

*Jim Baker*, North Carolina State University: foto pag. 51.

*Scott Bauer*: foto pag. 39.

*Joseph Berger*: foto pag. 10, 12, 35, 48, 52, 53, 54.

*Gary Bernon*, USDA APHIS: foto pag. 60.

*Tamla Blunt,* Colorado State University: foto pag. 59.

*David Cappaert*, Michigan State University: foto pag. 15, 28, 33.

*Scott Chapal*, J.W. Jones Ecological Research Center: foto pag. 25, 65.

*Clemson University* - USDA Cooperative Extension Slide Series: foto pag. 16, 38, 45, 62.

*Whitney Cranshaw*, Colorado State University: foto pag. 14, 20, 21, 29, 41, 46, 73, 74.

*Gyorgy Csoka*, Hungary Forest Research Institute: foto pag. 24.

*Bonsak Hammeraas*, Bioforsk, Norwegian Institute for Agricultural and Environmental Research: foto pag. 13.

*Mary Ann Hansen*: foto pag. 17.

*W.M. Hantsbarger*: foto pag. 29.

*Gerald Holmes*, California Polytechnic State University at San Luis Obispo: foto pag. 10, 14, 16, 27, 28, 30, 35, 36, 40, 44, 48, 50, 52, 58, 66, 71.

*Lesley Ingram*: foto pag. 62.

*Sandra Jensen*: foto pag. 9.

*Kansas Department of Agriculture Archive*: foto pag. 68.

*Roger S Key*, English Nature: foto pag. 50.

*Luboš R. Kolouch*: foto pag. 56.

*Mississippi State University Archive*, Mississippi State University: foto pag. 19.

*Cheryl Moorehead*: foto pag. 69.

*Russ Ottens*, University of Georgia: foto pag. 72.

*Frank Peairs*, Colorado State University: foto pag. 33, 40.

*Pest and Diseases Image Library*: foto pag. 18.

*R.J. Reynolds Tobacco Company Slide Set*, R.J. Reynolds Tobacco Company: foto pag. 61.

*Howard F. Schwartz*, Colorado State University: foto pag. 12, 21, 23, 23, 55, 74.

*Mariusz Sobieski*:foto pag. pag. 15.

*Alton N. Sparks, Jr.*, University of Georgia: foto pag. 57, 67.

*Marja van der Straten*, NVWA Plant Protection Service: foto pag. 34, 42, 47.

*University of Georgia Archive*, University of Georgia: foto pag. 41.

*Bruce Watt*, University of Maine: foto pag. 18, 49.

## INTRODUZIONE ALLA PERMACULTURA

**L'arte di coniugare i saperi di discipline diverse per progettare un orto in armonia con la natura**

*di B. Mollison e R. Mia Slay*

Formato: cm 21 x 28

Pagg. 236 • € 20,00

## PERMACULTURA PER TUTTI

**I principi generali e le esperienze in Italia di permacultura per curare la terra e guarire il pianeta**

*di Patrick Whitefield*

Formato: cm 11,5 x 16,5

Pagg. 224 • € 10,50

**Cerca i libri di Terra Nuova Edizioni nelle migliori librerie, nei negozi di alimenti biologici o richiedili direttamente a: Editrice Aam Terra Nuova, via Ponte di Mezzo 1 - 50127 Firenze • tel 055 3215729 • libri@aamterranuova.it**

## L'ORTO SENZ'ACQUA

**Imparare a fare l'orto senz'acqua grazie alla tecnica del cippato in agricoltura, per risparmiare acqua, petrolio e lavoro.**

*di Jacky Dupety*
Formato: cm 15 x 21
Pagg. 168 • € 13,00

## PERMACULTURA PER L'ORTO E IL GIARDINO

**Esperienze e suggerimenti pratici per raggiungere l'autosufficienza in un piccolo pezzo di terra**

*di Margit Rusch*
Formato: cm 19 x 23,5
Pagg. 144 • € 14,00

**Lo sconto del 15% per gli abbonati viene applicato solo per gli ordini effettuati presso la redazione di Terra Nuova telefonicamente o dal sito www.terranuovalibri.it (previa abilitazione)**

## AGRICOLTURA SINERGICA

**Le origini, l'esperienza, la pratica**

*di Emilia Hazelip*

*e la Libera Scuola di Agricoltura Sinergica «Emilia Hazelip»*

Formato: cm 19 x 23,5

Pagg. 240 • € 20,00

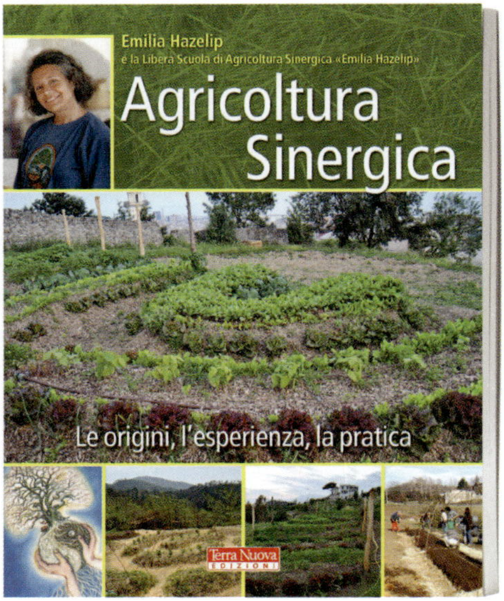

## GENUINO CLANDESTINO

**Viaggio tra le agri-culture resistenti ai tempi delle grandi opere**

*Di Michela Potito e Roberta Borghesi*

*Fotografie di Sara Casna e Michele Lapini*

*Postfazione di Wu Ming 2*

Formato: cm 19 x 23,5

Pagg. 280 - € 18,00

## CALENDARIO DEI LAVORI AGRICOLI

**Lunario e planetario secondo il metodo biodinamico.**

**2016**

*di Pierre Masson*

Formato: cm 21 x 30

Pagg. 32 • € 10,00

## MANUALE PRATICO DI AGRICOLTURA BIODINAMICA

**Una guida per conoscere, approfondire e mettere in pratica l'agricoltura biodinamica per coltivare frutta e verdura senza concimi e pesticidi chimici**

*di Pierre Masson*

Formato: cm 15 x 21

Pagg. 180 • € 14,00

## FARE IL COMPOST

**Trasformare gli scarti della cucina e dell'orto in ottimo concime. I segreti del lombricompostaggio e del compost sul balcone.**

*di P. Martin, L. Martin, E. Prédine*

Formato: cm 19 x 23,5

Pagg. 88 • € 13,00

## BIOBALCONE

**Coltivare ortaggi e aromi con il metodo biologico e la permacultura**

*di Francesco Beldì*

Formato: cm 15 x 21

Pagg. 112 • € 12,00

Terra Nuova
EDIZIONI

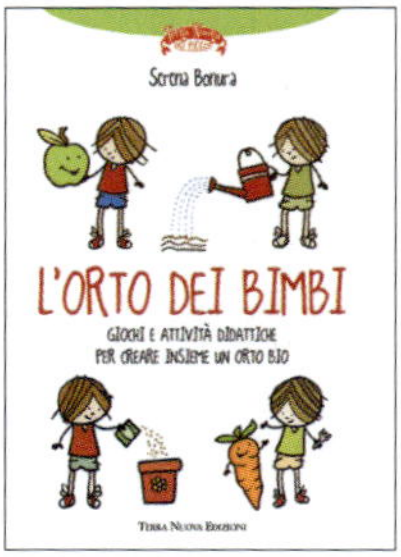


## L'ORTO DEI BIMBI

**Giochi e attività didattiche per creare insieme un orto biologico**

*di Serena Bonura*

Formato: cm 14,5 x 21

Pagg. 168 • € 13,00

## IL LIBRO DI PIETRO

**Attraverso gli occhi di un contadino, una preziosa raccolta di memorie che ci regala il ricordo più autentico della civiltà contadina**

*a cura di Jenny Bawtree*

Formato: cm 17 x 24

Pagg. 216 • € 15,00

## CURARSI CON IL CIBO

**Prevenire e curare i disturbi più comuni con l'alimentazione**

*di Catia Trevisani*

Formato: cm 15 x 21

Pagg. 296 • € 15,00

## IL CAMPO IN CONCA, L'ARTE DELL'ORTO

**Suggerimenti, astuzie e riflessioni per coltivare l'orto secondo natura**

*di Maria Pagnini*

Formato: cm 15 x 21

Pagg. 112 • € 10,00

## ERBARIO DELLA SALUTE

**Guida alla raccolta e all'utilizzo delle 40 erbe medicinali più efficaci, con consigli pratici per la cura dell'uomo, degli animali e delle piante**

*di Ferdinando Alaimo*

Formato: cm 19 x 19

Pagg. 168 • € 14,00

## FARE IN CASA COSMETICI NATURALI

**Diventare maghe di bellezza senza usare prodotti nocivi**

*di Dafne Chanaz*

Formato: cm 14,5 x 21

Pagg. 136 • € 13,00

## SVEZZAMENTO SECONDO NATURA

**Come e quando introdurre alimenti sani e biologici nella dieta del tuo bambino, evitando il cibo industriale e preconfezionato**

*di Michela Trevisan*

Formato: cm 15 x 21

Pagg. 200 • € 13,00

## IL GRANDE LIBRO DELL'ECOGIOCO

**200 giochi e progetti ludici, da realizzare in casa e all'aperto**

*di Piero Santoni*

Formato: cm 19 x 23,5

Pagg. 200 • € 15,00

**Cerca i libri di Terra Nuova Edizioni nelle migliori librerie, nei negozi di alimenti biologici o richiedili direttamente a: Editrice Aam Terra Nuova, via Ponte di Mezzo 1 - 50127 Firenze • tel 055 3215729 • libri@aamterranuova.it**

puoi consultare il catalogo completo e ordinare i nostri libri anche su **www.terranuovalibri.it**

## ESTRATTI, CENTRIFUGATI, SMOOTHIES E TISANE

**Una miniera di vitamine e sali minerali dalla frutta e dalla verdura fresca**

*di A. Zucchi e G. Lomazzi*

Formato: cm 19 x 19

Pagg. 120 - € 13,00

## RICICLARE IN CUCINA

**L'arte di utilizzare con gusto scarti e avanzi**

*di Giuliana Lomazzi*

Formato: cm 19 x 19

Pagg. 120 • € 13,00

## VEGAN FACILE

**120 ricette sane e gustose alla portata di tutti**

*di Federica Del Guerra*

Formato: cm 19 x 19

Pagg. 120 • € 13,00

## SE NON MANGIA LE VERDURE

**100 ricette vegetariane e tanti gustosi suggerimenti per far apprezzare le verdure ai più piccoli**

*di M. Trevisan e L. Busato*

Formato: cm 19 x 19

Pagg. 120 • € 13,00

## PELLE: SANA E BELLA CON L'ALIMENTAZIONE

**Rimedi naturali e ricette vegetariane per curare e rendere più bella la propria pelle**

*di Paolo Giordo*

Formato: cm 19 x 19

Pagg. 120 • € 14,00

## RICETTE PER UN INTESTINO FELICE

**Consigli per prendersi cura del nostro secondo cervello ricette 100% vegetariane**

*di C. Vecchi e G. Lomazzi*

Formato: cm 19 x 19

Pagg. 120 • € 14,00

## FACCIAMO IL PANE

**Oltre 50 ricette per impararea fare il pane con il lievito naturale**

*di Annalisa De Luca*

Formato: cm 19 x 19

Pagg. 120 • € 13,00

## BIORICETTARIO

**250 ricette suddivise per stagione per apprendere e praticare un'alimentazione sana e naturale**

*di Pino Zammataro*

Formato: cm 19 x 19

Pagg. 120 • € 13,00

**Lo sconto del 15% per gli abbonati viene applicato solo per gli ordini effettuati presso la redazione di Terra Nuova telefonicamente o dal sito www.terranuovalibri.it (previa abilitazione)**

# NON UN LIBRO QUALUNQUE

**ACQUISTANDO Terra Nuova E I SUOI LIBRI**

### Proteggi le foreste

Il marchio *FSC* per la carta assicura una gestione forestale responsabile secondo rigorosi standard ambientali, sociali ed economici. Terra Nuova si trova nel primo gruppo dei 14 «Editori amici delle foreste» di *Greenpeace*.

### Sostieni il riciclo

Il marchio *Der Blaue Engel* per la rivista e per i libri in bianco e nero certifica l'uso di carta riciclata al 100%.

### Riduci la $CO_2$

Terra Nuova stampa rigorosamente in Italia, anche i libri a colori, sempre più spesso prodotti nei paesi asiatici con elevati impatti ambientali e sociali.

### Tuteli la «bibliodiversità»

I piccoli editori indipendenti garantiscono la pluralità di pensiero, oggi seriamente minacciata dallo strapotere di pochi grandi gruppi editoriali che controllano il mercato del libro. Terra Nuova non riceve finanziamenti pubblici.

### Contribuisci a un'economia solidale

Terra Nuova promuove il circuito alternativo di distribuzione **negoziobio.info** e assicura un equo compenso a tutti gli attori della filiera: dipendenti, giornalisti, fotografi, traduttori, redattori, tipografi, distributori.

### Diventi parte della comunità del cambiamento

Sono oltre 500 mila le persone che ogni giorno mettono in pratica i temi dell'ecologia attraverso la rivista, i siti e i libri di Terra Nuova.

Per saperne di più: **www.nonunlibroqualunque.it**

FSC
MISTO
Carta
FSC® C113203